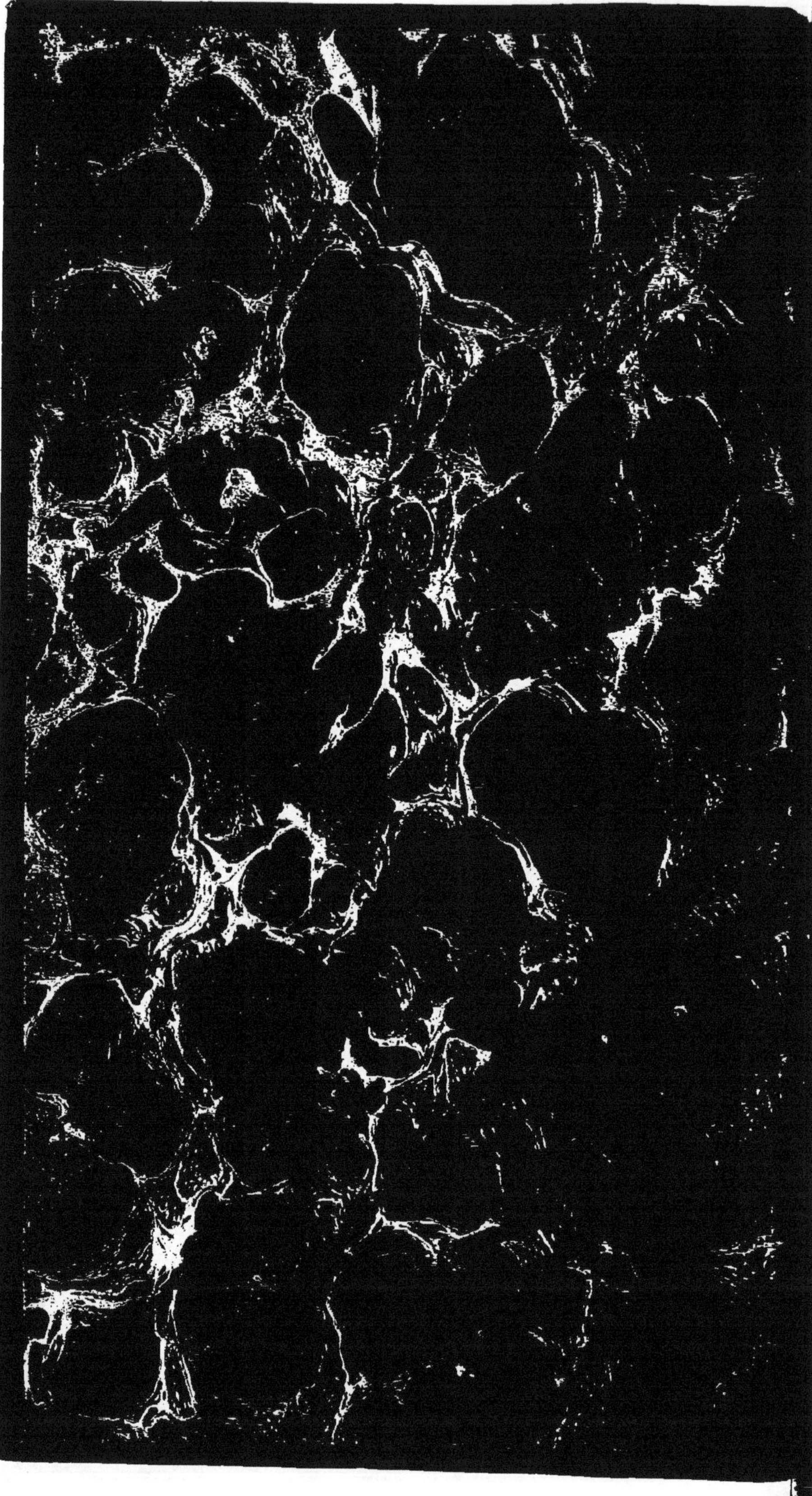

HISTOIRE

DE

LA POMME DE TERRE.

PARIS. — TYP. ET LITH. DE A. APPERT,
Passage du Caire, 54.

HISTOIRE
DE LA
POMME DE TERRE

Son Origine, ses Emplois Culinaires et Industriels.

MOYEN DE FAIRE SOI-MÊME

DU

PAIN A 7 C^MES

LE DEMI-KILOG.

PAR P. GODARD;

PRÉCÉDÉE D'UNE NOTICE BIOGRAPHIQUE DE PARMENTIER,

Par Pierre VINÇARD.

Paris.

CHEZ L'AUTEUR, RUE SAINT-ANTOINE, 62.

1847.

AVANT-PROPOS.

En présence de la misère qui décime les populations européennes et donne un démenti aux prôneurs officiels s'obstinant à ne voir que la surface des choses, il n'est peut-être pas inutile de chercher un remède à ce mal horrible qui a pour nom la faim !...

Il semblait que depuis longtemps la France en fût préservée; les gémissements de l'Irlande, supportant le joug d'une aristocratie sans pitié, se faisaient bien entendre de temps à autre — quoique souvent comprimés par les bayonnettes anglaises; — mais, comme ce bruit était lointain, nous pouvions croire que nous étions oubliés et que ce fléau cruel ne viendrait pas jusqu'à nous.

Aujourd'hui, il ne nous est plus permis de penser ainsi, et l'optimiste le plus endurci, — fût-il de l'école de M. le baron Charles Dupin, — ne pourrait s'empêcher de frémir en songeant que ce fléau peut atteindre les objets les plus chers à son affection.

La misère a mille formes multiples pour signaler sa puissance, mais elle n'en a pas de plus redoutable que lorsqu'elle se montre ainsi qu'elle le fait déjà dans quelques-uns de nos départements.

L'imprévoyance gouvernementale, la liberté du commerce, poussée à ses dernières limites, et pardessus tout la rareté des subsistances, peuvent être les principales causes de la crise que nous subissons, et doit engager toute ame honnête à y chercher une amélioration.

Elle est d'autant plus nécessaire que cette souffrance pèse sur le plus grand nombre; car, pour celui qui possède, l'augmentation du prix du pain n'est qu'une question d'un ordre secondaire : le mal le plus grand qui pourrait en résulter, serait de l'empêcher de fumer quelques cigares, ou de se priver une fois par hasard d'une stalle aux Italiens. Mais pour le pauvre, dont le salaire nourrit à peine la famille, pour le pauvre qui ignore s'il aura du travail le lendemain, quelques centimes de plus à payer sont une calamité. Et, lorsque l'hiver est rigoureux, lorsqu'ainsi que dans l'année qui vient de s'écouler, les sinistres de toute nature mettent le comble à ses douleurs, il est du devoir de tout citoyen de s'occuper des moyens de rendre ces maux moins vifs, moins cuisants, et de demander à la science ce que les institutions sociales n'ont pu donner encore.

En publiant cette brochure, nous n'avons nullement la prétention de croire qu'elle remplacera tel ou tel traité, tel ou tel livre, seulement nous présumons que les procédés qu'elle renferme sont assez simples et assez faciles d'exécution pour qu'ils puissent avoir une certaine utilité. Leur auteur les ayant mis en pratique depuis plusieurs années, en a obtenu d'excellents résultats, et nous serions heureux s'ils pouvaient rendre le même service aux lecteurs pour lesquels nous écrivons.

P. V.

PARMENTIER.

On est pénétré de respect et de vénération en lisant la vie d'un homme qui a rendu d'éminents services à sa patrie; on se sent ému à la vue d'un beau dévouement, au récit d'une action d'éclat; mais, il est une satisfaction plus douce encore, c'est celle qu'on éprouve en étudiant tout ce qui est relatif à celui dont l'existence entière n'a été qu'une lutte incessante contre la routine et les préjugés, et dont l'esprit embrâsé d'un ardent amour de l'humanité n'eut pas une seule pensée qui ne fût profitable à tous; et, lorsqu'une persévérance infatigable se joint, à tant d'autres titres, à la reconnaissance publique, on est heureux de posséder les moindres particularités d'une semblable existence.

Ce bonheur est d'autant plus grand, que l'histoire est remplie d'appréciations injustes, et qui, bien que reconnues telles par les écrivains consciencieux, n'en sont pas moins consacrées par l'usage et la tradition. Quels sont la plupart de ces hommes auxquels on a appliqué, d'une façon banale, l'épithète de grands? Pourquoi nous avoir habitués dès l'enfance à répéter leurs éloges? N'avons-nous pas appris depuis que ces gigantesques réputations s'évanouissaient souvent au souffle de la réflexion et de l'analyse? Ne savons-nous pas que le grand Alexandre assassinait ses amis les plus chers lorsqu'il était ivre, et que ses conquêtes, si prolixement racontées, n'ont jamais été que des hécatombes humaines, ou ce qui pouvait arriver de moins malheureux aux vaincus était d'être réduits en esclavage? N'en est-il pas ainsi de beaucoup d'hommes soi-disant illustres dont le sang des peuples arrose les trophées?...

PARMENTIER (*Antoine-Auguste*) est né en 1737, à Montdidier, en Picardie. Ses parents étaient peu fortunés; son aïeul avait été maire de la ville et son père était un brave officier. Il le perdit étant en bas âge et resta avec un frère et une sœur à la charge de sa mère. Il trouva dans cette femme les soins affectueux et intelligents dont son enfance avait encore besoin. Sa mère joignait à une grande noblesse de caractère une instruction dépassant celle que les femmes ont d'ordinaire. Parmentier l'a citée dans plusieurs de ses écrits et n'en parlait jamais qu'avec une sensibilité honorable pour tous deux. Ne pouvant envoyer son fils au collège, attendu que ses ressources n'étaient point aussi élevées que ses désirs, elle lui donna, conjointement avec un ecclésiastique ami de la famille, les premières leçons élémentaires.

Il était touchant de voir cette femme se priver d'une partie de son sommeil pour se mettre courageusement à étudier le latin afin de pouvoir l'enseigner à son fils. Ne se contentant pas de donner un aliment à l'esprit de son élève, elle voulut de plus développer son cœur, et entremêlait l'étude des versions et des thèmes d'excellents préceptes de morale que Parmentier eut bien garde d'oublier.

A ce propos, on peut remarquer en passant que, s'il était possible de savoir quelles ont été les causes qui ont excité les hommes de talent à se produire, il est probable qu'on trouverait fréquemment l'influence d'une femme, soit comme sœur, soit comme mère, soit comme amante.

Parmentier ne put donc aller au collège; par bonheur, le savoir qu'on y puise n'est pas exclusivement en possession de former un homme supérieur; et, ce qui semblait être un contretemps fâcheux, devint au contraire une obligation d'exercer promptement une profession qui l'empêchât d'être à la charge de sa mère. Il apprenait hâtivement, il est vrai, à se débattre contre les exigences matérielles; mais, pour un caractère comme le sien, cette école positive était aussi indispensable que celle dans laquelle il n'avait pu entrer.

En 1755, Augustin se mit chez un apothicaire de Montdidier, et après y avoir passé une année, il vint à Paris, où Simonet, l'un de ses parents, l'avait appelé. Il y resta jusqu'en 1757, et la guerre de Hanôvre ayant éclaté, il partit en qualité de pharmacien attaché à l'armée. Il avait fait connaissance avec Bayen le chimiste, et celui-ci avait conçu une haute estime pour Parmentier. Bayen avait reçu les sévères leçons de l'adversité qui élève l'âme quand elle ne la flétrit pas, et ce vertueux savant pressentait déjà ce que Parmentier deviendrait un jour. Aussi le présenta-t-il à Chamousset, le *grand philantrope*, qui, étant intendant-général des hopitaux contribua puissamment à ce que le jeune protégé de son ami fût élevé au grade de pharmacien en second.

Parmentier se signala dans cette campagne par son intrépidité et par le courageux dévouement qu'il déploya dans une épidémie qui ravagea l'armée. Lorsqu'il pouvait séjourner dans quelque ville, il s'empressait de visiter les fabriques et les hopitaux, cherchant à diminuer autant qu'il le pouvait les horreurs de la misère et de la maladie. La vue des souffrances humaines décourage habituellement les êtres faibles, mais pour les natures d'élite elle sert au contraire de stimulant et d'excitation à les abréger et les rendre moins cruelles.

Malgré son courage dans cette guerre, il y fut fait cinq fois prisonnier, et racontait gaiement ainsi sa mésaventure : « Ces hussards prus-« siens, disait-il, sont les plus habiles valets de « chambre que je connaisse. Ils m'ont dés-« habillé plus vite que je ne pouvais le faire « moi-même. Du reste ce sont de fort honnêtes « gens ; ils ne m'ont pris que mon argent et « mes habits. »

Quelque temps après, il recouvra la liberté, et, une chose qui dut le consoler de l'honnêteté des hussards prussiens, fut qu'il se trouva logé à Francfort-sur-le-Mein chez Meyer, pharmacien de cette ville, et l'un des plus célèbres chimistes allemands. Il en devint l'ami, et aurait pu lui succéder en épousant sa fille, s'il n'eût préféré revenir en France. Des propositions avantageuses lui avaient été faites aussi par d'Alembert, qui lui affirmait qu'auprès du grand Frédéric il remplacerait aisément le fameux Margraff. Ce fut chez Meyer que Parmentier apprit la langue allemande et qu'il étudia la pharmacie telle qu'on la pratiquait alors en Allemagne.

Il revint à Paris en 1763, et il suivit avec ardeur les cours de physique de l'abbé Nollet, ceux de chimie des frères Rouelle, dont il exerça les fonctions de préparateur, et les leçons de botanique de Bernard de Jussieu. Ce dernier cours était suivi aussi par J. J. Rousseau.

Son amour pour l'étude était si impérieux qu'il allait jusqu'à se priver de vin et d'une partie de sa nourriture, afin de pouvoir acheter des livres. Un autre motif non moins louable était la cause de ces privations. Sa mère était âgée, et il lui envoyait de temps à autre de petites sommes d'argent qu'il avait économisées à grand'peine. La bonté dont elle avait fait preuve était toujours présente à la mémoire de ce fils reconnaissant.

Nous aimons à citer ces faits, parce que, bien que peu importants en apparence, ils donnent néanmoins la mesure de l'élévation de son cœur. Lorsqu'un nombre infini d'hommes de mérite oublient ceux qui ont eu soin de leur enfance, ou ne récompensent que par la plus noire ingratitude ceux qui les ont lancés dans la carrière, des traits semblables à ceux que nous venons de signaler doivent être religieusement rapportés.

Parmentier avait oublié, ou plutôt ne savait pas encore que l'étude enrichit rarement ceux qui s'y attachent; aussi ses ressources étant totalement épuisées, en fut-il réduit à se placer comme aide dans la pharmacie de Lorou. Il y resta jusqu'à ce qu'une place de pharmacien gagnant *maîtrise* venant à vaquer aux Invalides, il l'obtint en 1765 à la suite d'un brillant concours.

Les qualités qu'il montra dans ce nouvel emploi, son esprit vif, spirituel et un certain charme répandu dans toute sa personne, lui acquirent l'affection des employés qui étaient en rapport avec lui. Les soldats le chérissaient; et les Sœurs de Charité eussent continué de l'aimer, si une circonstance n'y eût mis obstacle.

En 1772, Louis XV voulant récompenser Parmentier des services qu'il avait rendus, lui accorda le brevet d'Apothicaire-major, pensant par ce moyen le fixer aux Invalides, selon les désirs du gouverneur et des employés de l'administration. Mais les sœurs de l'hôpital prétendirent que depuis Louis XIV elles avaient le droit de ne reconnaître aucune autorité supérieure dans la pharmacie de l'Hôtel. Elles employèrent tous les moyens dont elles purent disposer pour que cette nomination fût annulée, et refusèrent au savant devenu homme l'appui bienveillant qu'elles lui avaient primitivement accordé. Elles intéressèrent le clergé entier à cette querelle que la mort de Louis XV ne put apaiser. Loin de là cette cabale eut assez de force pour que les sœurs obtinssent une audience de la nouvelle reine. Elles se jetèrent à ses pieds en la priant d'intercéder en leur faveur auprès du roi. Louis XVI n'osa résister, et le 31 décembre 1774, il retira le brevet à Parmentier. Cette injustice était si flagrante, qu'en lui enlevant son brevet le roi voulut que Parmentier reçût à l'avenir une pension égale aux appointements de la place qu'il perdait. Seulement, on lui fit promettre de ne jamais rien faire pour la recouvrer.

La disette de 1769 ayant porté la terreur dans les esprits avait donné lieu à réfléchir aux administrateurs et aux chimistes. Les gouvernants eux-mêmes paraissaient effrayés, car selon leur coutume, ils n'avaient voulu reconnaître les maux qui pesaient sur le peuple que lorsqu'il était devenu difficile d'y porter remède. On avait spéculé sur les subsistances comme sur une marchandise ordinaire, et elles avaient fini par enchérir d'une manière alarmante.

Les tracasseries dont Parmentier avait été l'objet le rendirent à ses travaux de prédilection, et comme le dit très bien M. Jarry de Mancy « Une véritable sinécure tournée non-« seulement au profit du peuple qui la paie, « mais de l'humanité tout entière, voilà ce « qui ne s'était jamais vu avant Parmentier et « qui est chose très rare. » En 1771, l'Académie de Besançon ayant proposé un prix à l'auteur du meilleur mémoire indiquant les moyens de remplacer les céréales par les végétaux, Parmentier concourut et obtint le prix.

Il démontra dans ce travail que la substance

la plus nutritive des végétaux était l'amidon, et indiqua comment on pouvait l'extraire des racines et des semences de plusieurs plantes indigènes en ayant le soin toutefois de le dépouiller des principes âcres et vénéneux qui l'altèrent. De plus, il prouva qu'il était facile de convertir cet amidon par des mélanges, en un pain propre à être mangé en soupe. En cette circonstance comme toujours, la science seule ne pouvait lui suffire; pour le contenter il fallait qu'il trouvât quelque chose dont l'utilité et l'application fussent immédiates. Ces travaux même ne le satisfirent qu'imparfaitement, car la disette lui apparaissait hideuse, horrible, et voulant l'arrêter dans sa marche il recommanda vivement la pomme de terre.

Ici est la phase la plus brillante et la plus réellement sociale — dans l'acception entière du mot — de la vie de Parmentier.

Ainsi que tous les hommes apportant à leur siècle des pensées d'un intérêt général, Parmentier eut à soutenir une lutte acharnée contre les routinières opinions qui s'opposaient à la propagation de la pomme de terre : et, chose inouïe, - qui cependant se renouvelle incessamment, — il se rencontra des savants indignes de ce nom qui lui firent une opposition redoutable. On alla jusqu'à écrire que « c'était l'acte d'un mauvais citoyen de vouloir donner à des hommes un aliment qui ne convenait qu'à des animaux. »

L'histoire de l'humanité nous montre à chaque instant que pour qu'une découverte soit acceptée, il faut qu'elle ait été consacrée par l'ironie et le dédain qui accueillent leurs auteurs; heureux, quand cette consécration n'a pas pour auxiliaires le cachot de Galilée ou les fers de Christophe Colomb. En cette occurence, ce n'est pas le peuple auquel on n'a rien appris, qui doit être flétri, mais bien plutôt ceux qui, au lieu de l'éclairer et de l'instruire, le laissent croupir dans une ignorance honteuse et donnent les premiers l'exemple de mépriser ce qui doit être visible pour eux.

Parmentier ayant été prisonnier en Allemagne, ainsi qu'on l'a vu précédemment, avait pu juger des ressources que la pomme de terre offrait en l'ayant eu pour nourriture habituelle. Turgot l'avait multipliée dans le Limousin et dans l'Angoûmois, dont il était intendant, et l'on devait espérer de la voir se propager dans tout le royaume, lorsqu'elle fut attaquée par de vieux médecins qui reproduisirent contre elle les attaques du seizième siècle. Les épidémies que la disette avait occasionnées dans le Midi furent attribuées au seul moyen de la prévenir. Parmentier, secondant les projets de Turgot, fit un examen chimique de la pomme de terre, affirmant qu'elle ne contenait aucun principe pernicieux. Loin de là, pénétré de ce qu'elle renfermait de salutaire et de nutritif, il fit présenter à Louis XVI un mémoire contenant les preuves sur lesquelles il s'appuyait, et le roi l'ayant lu, Parmentier obtint, pour expérimenter, cinquante-quatre arpents de terre dans la plaine des Sablons, condamnée jusqu'à ce moment à une stérilité absolue. Il pouvait même sembler que c'était par dérision et pour se délivrer de ses importunités, qu'on lui accordait un champ inculte pour y faire ses expériences. Il désirait ardemment que le roi en traçât le premier sillon. Mais il ne put obtenir cette faveur.

La confiance de Parmentier fut universellement taxée de folie, et il fut abreuvé d'épithètes insultantes par des courtisans sans pudeur, qui savaient bien comment on pressurait le peuple, mais qui ignoraient comment on le nourrit lorsqu'il a faim.

On ne saurait imaginer ce qu'il fallut que Parmentier déployât de force et d'énergie. Etre attaqué par des savants de mauvaise foi, soutenir leurs railleries était une chose à laquelle il était depuis longtemps habitué ; aussi ne leur répondait-il qu'en termes convenables, sans que jamais la colère ou l'aigreur se fît sentir dans sa défense. Mais se voir un objet de ridicule, de la part de ceux qu'il voulait préserver de la famine, dut être bien cruel pour son cœur. Sans doute il les plaignit en pensant que de tous les maux qu'ils endurent, l'ignorance est un des plus fatals.

Animé par la grandeur de son œuvre, rien ne lui coûte pour la réaliser ; travail, voyages, argent, il y consacre tout ce qu'il peut y avoir en lui d'activité physique et morale. Se levant chaque jour à trois heures du matin, pour travailler, il emploie le temps qui lui reste à solliciter dans le cours de la journée les personnes qui s'intéressent à son entreprise. Se multipliant, pour ainsi dire, il défendait la pomme de terre attaquée de toutes parts, soit en en parlant dans les journaux scientifiques, soit en adressant des instructions au peuple. Semblable au soldat sur la brèche, il se servait de toutes les armes qu'il avait à sa disposition; seulement au lieu de détruire il ne cherchait qu'à redonner la vie.

Au milieu de ces travaux divers, il était encore en proie à une pénible anxiété. Les feuilles des pommes de terre, plantées dans la plaine des Sablons, tardaient à pousser, et cette lenteur donnait une espèce de justification aux accusations de ses critiques. Enfin la végétation paraît, les fleurs sont bientôt écloses et annoncent que la maturité des tubercules ne se fera pas longtemps attendre.

Pénétré de bonheur, l'âme remplie d'effusion, Parmentier fait un bouquet de ces fleurs, et l'offre à Louis XVI en séance solennelle. Le roi, par une exquise délicatesse, en détache une et la place à sa boutonnière. Dès ce moment ce fut pour la plante le signal d'une vogue extraordinaire parmi les gens de cour, et ce qu'ils avaient méconnu devint en un instant l'objet de leur admiration exagérée. Triste preuve de la légèreté et de l'insouciance qu'ils apportaient aux questions les plus importantes.

Cependant, la plaine des Sablons était environnée de gardes qui pendant le jour veillaient sévèrement à ce qu'on ne s'emparât pas des pommes de terre. La nuit venue, cet appareil disparaissait, mais la curiosité et l'intérêt se trouvaient excités au plus haut point. Un soir, on vint dire en toute hâte à Parmentier que plusieurs de ses pommes de terre avaient été volées ; c'était justement ce qu'il désirait ; les sentinelles n'avaient été posées qu'à cette intention. Il récompensa généreusement celui qui lui apporta cette nouvelle. L'amour des hommes pouvait seul inspirer de telles ruses.

A la suite de ce succès, Parmentier donna chez lui un magnifique dîner auquel Franklin et Lavoisier assistèrent. Ainsi qu'on a pu déjà le remarquer, il était estimé de ceux qui lui ressemblaient par l'affection réelle qu'ils portaient au peuple. A ce banquet, il ne fut exclusivement servi que des pommes de terre déguisées sous toutes les formes, en pain, en potage, en vin, en pâtisserie, en liqueur, etc.

Les préjugés étaient vaincus encore une fois, et Parmentier se trouvait récompensé de son zèle et de ses efforts généreux. François de Neufchâteau voulut donner à la France entière un moyen de prouver sa gratitude à celui qui l'avait si bien méritée; c'était un monument impérissable et qui ne devait rien coûter autre chose à la nation que de se souvenir; il avait proposé que le nom de *Parmentière* fut substitué au nom vulgaire. Nous devons le dire, quoiqu'il en coûte à faire de pareils aveux, cette proposition fut à peine écoutée, et c'est tout au plus si aujourd'hui on se rappelle le nom de celui auquel on doit un si grand bienfait. Si l'on ne puisait dans sa conscience propre la force nécessaire pour être utile aux autres, de tels exemples seraient décourageants.

Bien que les expériences de la plaine des Sablons eussent absorbé une partie du temps de Parmentier, il n'avait néanmoins négligé aucune occasion de servir l'humanité. Il avait publié en 1774, une traduction des *Récréations chimiques* de Model, avec des notes et des commentaires. En 1777, un *Avis aux bonnes ménagères des villes et des campagnes sur la manière de faire leur pain*. En 1778, il écrivait son *Parfait Boulanger*, ouvrage qui opéra une révolution complète dans l'art de la boulangerie, et qui détruisit un grand nombre d'erreurs alors en pratique. Ce fut ce livre qui décida le gouvernement à fonder une école modèle pour cette profession. Parmentier disait dans l'introduction en parlant des boulangers :

« Comment est-il possible que les avantages « infinis que le pain procure aux hommes ne « leur fassent pas plus estimer ceux qui le pré- « parent? Serait-ce parce que dans la vue de « satisfaire notre plus pressant besoin, et la « délicatesse en même temps, ils sont forcés « de renoncer aux agréments de la vie pour « travailler sans relâche dans le silence de « l'obscurité, au milieu d'une atmosphère brû-

« lante, environnés de fumée et de poussière, à « des heures où la nature entière se repose, de « ne pouvoir céder ensuite que pour très peu « de temps au sommeil qui les accable, à l'ins- « tant précisément où les hommes se délassent « dans les plaisirs? Serait-ce encore par la rai- « son que, parvenus de bonne heure aux in- « firmités de la vieillesse, après avoir passé « leurs premières années et épuisé toute leur « force à la préparation du pain de leurs conci- « toyens, ils sont quelquefois contraints d'en « aller mendier dans les hôpitaux, et d'achever « leur carrière avec ces êtres que le crime et « la paresse ont rendus les fléaux de la Société? »

Ne pourrait-on pas appliquer ces paroles au sort de tous les travailleurs qui après avoir rendu d'immenses services à la société, sont condamnés à la même misère et au même abandon?

Indépendamment de ces ouvrages, il avait publié aussi un *Traité sur la Châtaigne*, pour laquelle il avait entrepris diverses expériences qui n'avaient point réussi : un *Traité sur le Maïs* en 1784 ; une *Méthode pour conserver les grains.*

En 1789 parut son célèbre *Traité sur la culture de la Pomme de Terre.* Il disait, car nous aimons encore à citer ses paroles, elles peignent son âme tout entière :

« Qu'importe d'ailleurs que la cuisine, cet « art que l'attrait de la bonne chère et le luxe « des repas ont rendu si important, trouve « dans la délicatesse de ce nouveau genre d'a- « liment de quoi satisfaire la sensualité des ri- « ches? Ce n'est pas pour eux que j'écris : « mon intention n'a jamais été de les aider à « étaler sur leurs tables l'abondance des mets, « mais bien d'offrir une ressource assurée aux « classes indigentes. La nourriture principale « du peuple fait perpétuellement l'objet de mes « sollicitudes; mon vœu, c'est d'en améliorer la « qualité et d'en diminuer le prix. »

Dans tout ce qui est sorti de la plume de Parmentier, on peut voir que la science n'avait de prix à ses yeux qu'autant qu'elle servait à améliorer le sort du peuple.

Il publia, en 1790 et en 1791, conjointement avec Deyeux son ami, deux *Mémoires sur le Lait et sur le Sang.* Ces deux ouvrages furent couronnés par l'Académie de Médecine. Jusqu'aux jours de la révolution, ce sont les principaux travaux qu'il ait livrés au public. Il en fit d'autres dont on trouvera la liste détaillée et analytique à la fin de cette notice, au milieu desquels on peut distinguer une nouvelle édition de la *Chimie hydraulique* de *Lagaraye*, qu'il accompagna de notes précieuses; et plusieurs *Mémoires sur les semailles et les engrais.*

Pendant qu'il était absorbé dans ces recherches scientifiques, les idées révolutionnaires marchaient à grands pas et se traduisaient déjà par des actes. Tout ce que la France possédait d'énergie et d'intelligence, allait être employé à combattre la féodalité et à en abattre les rameaux vivaces et toujours renaissants.

Parmentier, occupé de son œuvre, ne prit aucune part à ce mouvement et se réfugia dans le silence du laboratoire.

On a le droit d'être étonné d'une telle indifférence pour ce qui agitait les esprits; et, si l'on ne connaissait le dévouement de Parmentier, on serait presque tenté de le blâmer sévèrement. Pourtant, hâtons-nous de le dire, cette conduite condamnable dans le citoyen, avait une excuse pour l'homme privé. Louis XVI, ainsi que nous l'avons vu, l'avait aidé dans son essai de la plaine des Sablons, et l'avait encouragé en diverses circonstances. Parmentier aurait cru, au moment où le pouvoir royal était attaqué, commettre un acte d'ingratitude, en faisant cause commune avec les ennemis du roi. Il crut devoir se taire et garder la neutralité.

Rester neutre, quand tout le monde prenait part au combat, dut passer pour un crime aux yeux des hommes d'action. C'est ce qui arriva. On vit dans cette impassibilité une protestation contre les principes qui étaient victorieux, et, malgré les services qu'il avait rendus à la nation, on le persécuta.

Il fut privé de la pension qu'il recevait, du logement qu'il occupait aux Invalides, et peu s'en fallut que son nom ne fût mis sur les listes de proscription.

Ces persécutions ne s'arrêtèrent que devant la nécessité absolue où l'on se trouva de sa science et de ses lumières. Il résista d'abord; mais enfin pressé par son ami Bayen, il consentit à partir pour Marseille et s'occupa de l'achat et de la confection des médicaments dont les hôpitaux avaient excessivement besoin.

Il entra ensuite dans le conseil de santé pour réorganiser le service pharmaceutique des armées, et rédigea un *Formulaire à l'usage des médecins et des pharmaciens.* Il fournit aussi au gouvernement les données nécessaires pour l'amélioration du pain des soldats et du biscuit des marins. Lorsque le conseil des médecins et des chirurgiens fut reformé pour l'armée, le ministre voulut le nommer pharmacien en chef; mais Parmentier refusa en alléguant « que Bayen vivait encore et qu'il ne pouvait s'asseoir au dessus de son maître. »

Il n'accepta que la place d'adjoint! noble exemple que plus d'un savant de nos jours devrait suivre.

Au moment de l'établissement des pompes à feu, il rassura le public sur la salubrité des eaux de la Seine en publiant une *Dissertation* à ce sujet. Il y joignit quelques observations relatives aux propriétés physiques et économiques de l'eau en général.

Il se rendit tellement indispensable, qu'il fut appelé au Conseil de salubrité du département de la Seine et au Conseil-général des hospices civils. Les sociétés scientifiques lui adressèrent des diplômes, et l'Institut national voulut le compter au nombre de ses membres.

Dans ces nouvelles fonctions, il fut occupé constamment à solliciter de l'autorité des mesures d'un intérêt général.

La société d'Agriculture de Paris le députa ainsi que son collègue, M. Huzard, pour la représenter à la société de Londres, où il fut reçu avec les plus profonds témoignages d'admiration et de respect. En revenant à Paris, il fit part des remarques qu'il avait faites sur l'état agricole de l'Angleterre, et le compara à celui de la France.

Le maïs fut l'objet de ses études, et il aurait voulu qu'on l'employât à l'exclusion du sarrazin attendu que ce dernier lui paraissait nuisible à la santé.

Le sirop de raisin dont il fit du sucre rendit des services signalés pendant plusieurs années, car la cherté du sucre de canne empêchait que les classes pauvres pussent en profiter. Cependant on raconte que ces travaux sur le sucre devinrent pour Parmentier la source de chagrins cuisants.

Proult, chimiste anglais, aurait dit-on présenté à Napoléon un morceau de sucre de raisin beaucoup plus beau que celui que Parmentier avait obtenu, et l'empereur aurait fait un présent magnifique à Proult, ce qui aurait été cause du désespoir de Parmentier.

Cette anecdote n'étant consignée dans aucun recueil digne de foi, nous la donnons ici sans en prendre la responsabilité.

La vaccine trouva en Parmentier un zélé défenseur, et jusqu'à la fin de sa carrière qui eut lieu le 17 décembre 1813 il continua de s'occuper de recherches sur l'agriculture. Quelques mois avant de mourir, il avait fait une nouvelle édition d'Olivier de Serres et l'avait augmentée de notes remarquables. Il donna des articles au *Dictionnaire d'histoire naturelle;* au nouveau cours d'*Agriculture*, aux *Annales de chimie* et au *Bulletin de pharmacie.*

Parmentier ne se maria pas, et passa les dernières années de sa vie avec sa sœur, excellente ménagère dont il ne pouvait faire l'éloge, disait-il, attendu qu'elle était sa sœur. Le chagrin qu'il eut de sa mort contribua à abréger ses jours et il succomba.

Ainsi s'est écoulée cette existence si dignement remplie; rien n'en altéra la pureté, et elle ne démentit aucunement les espérances qu'on en avait conçues. D'autres existences ayant été plus brillantes ont pu exciter plus d'enthousiasme; mais celle-là a un mérite bien autrement supérieur — elle a été utile.

Quand nous voyons la science et la littérature devenir des enseignes servant à vendre telle ou telle marchandise, qui souvent n'est qu'un poison déguisé, on doit reconnaître la valeur d'un homme qui était profondément convaincu, ainsi qu'il l'avait écrit dans l'un de ses ouvrages, « *que le devoir d'un véritable citoyen est de* « *diriger la science qu'il cultive vers le bonheur* « *de la société.* »

Au physique, Parmentier portait l'empreinte de ses préocupations. Voici le portrait que l'un de ses contemporains nous en a laissé : « Une

« taille élevée et restée droite jusqu'à ses der-
« niers jours, une figure pleine d'aménité, un
« regard à la fois noble et doux; de beaux
« cheveux blancs comme la neige, semblaient
« faire de ce respectable vieillard l'image de la
« vertu sur la terre. »

Quoique tardif, le tribut que la France devait à Parmentier, vient de lui être payé ; une statue en bronze vient d'être érigée pour être transportée au lieu de sa naissance. Son éloge a été fait par presque toutes les sociétés savantes. Il en est un qui les surpasse tous — c'est le bien qu'il a fait !

Pierre VINÇARD.

LISTE DES OUVRAGES DE PARMENTIER.

—

1772—Mémoire qui a remporté le prix de l'Académie de Besançon sur cette question : Indiquer les végétaux qui pourraient suppléer en temps de disette à ceux qu'on emploie communément à la nourriture des hommes, et quelle en devait être la préparation ; in-12.

1773—Examen chimique des pommes de terre, dans lequel on traite des parties constituantes du bled. *Paris, Didot le jeune ;* in-12. 2 fr. 50 c.

1774—Ouvrage économique sur les pommes de terre, le froment et le riz ; in-12.

—Récréations physiques, économiques et chimiques de Model, traduites de l'allemand et augmentées de notes et de commentaires, par Parmentier.

1776—Examen de l'analyse du bled, etc. Cet ouvrage est la première partie du Parfait boulanger ; in-8. 2 fr.

—Expériences et réflexions relatives à l'analyse du bled et des farines. *Paris,* in-8. 2 fr.

1777—Le Parfait boulanger, ou Traité complet sur la fabrication et le commerce du pain. *Paris,* de l'Imprimerie royale, 2 vol. in-8.

—Avis aux bonnes ménagères des villes et des campagnes sur la meilleure manière de faire leur pain. *Paris*, de l'Imprimerie royale, in-8. 108 pages. — Paris, 1782, in-12. — 1785, in-8. — Nouvelle édition, revue et corrigée, 1794, in 12. — C'est une partie du *Parfait boulanger*.

1778—Observations sur les fosses d'aisance et moyens de prévenir les inconvénients de leur vidange. *Paris*, in-8.

1779—Manière de faire le pain de pommes de terre sans mélange de farine; in-8.

1780—Jugement impartial et sério-comi-critique d'un manant cultivateur et bailli de son village, sur le pain de pommes de terre, par MM. Cadet et Parmentier, avec un avant-propos de son greffier. *Berne*, *Paris*, Valade-Lachapelle, in-8.

—Traité de la châtaigne. — *Bastia* et *Paris*, Manory, in-8.

1781—Pommes (les) de terre considérées relativement à la santé et à l'économie; ouvrage dans lequel on traite aussi du froment et du riz. *Paris*, Nyon l'aîné, in-12.

1783—Moyen proposé pour perfectionner promptement dans le royaume la meûnerie et la boulangerie; lu au comité de boulangerie, le 24 janvier. *Paris*, Barrois l'aîné, in-12, 94 pages.

—Méthode facile de conserver à peu de frais les grains et les farines. *Londres* et *Paris*, Barrois l'aîné, in-8, 100 pages.

1784—Maïs (le) ou blé de Turquie, apprécié sous tous les rapports; mémoire couronné, le 25 août, par l'Académie royale des Sciences, Belles-Lettres et Arts de Bordeaux. Nouvelle édition revue et corrigée, imprimée et publiée par ordre du gouvernement. *Paris*, de l'Imprimerie impériale, *Méquignon aîné père; A.-J. Marchant*, 1812, in-8, 4 fr. — La première édition a paru sous ce titre : Mémoire sur cette question : Quel serait le meilleur procédé pour conserver le plus longtemps possible le maïs ou blé de Turquie, augmenté de tout ce qui regarde l'histoire naturelle et la culture de ce grain. *Bordeaux, Ballandre l'aîné*, in-4.

—Recueil de pièces concernant les exhumations faites dans l'enceinte de l'église Saint-Eloi de Dunkerque. *Paris*, in-8.

1785—Mémoire sur les avantages du commerce des grains et des farines. *Paris*, in-8.

—Instruction sur les moyens de suppléer à la disette des fourrages et d'augmenter la subsistance des bestiaux. *Paris*, in-8.

—Instruction sur les moyens de rendre le blé moucheté propre au commerce et à la fabrication du pain. *Paris*, de l'Imprimerie royale, in-12.

1787—Mémoire sur les avantages que la province du Languedoc peut retirer de ses grains. *Paris, Didot le jeune*, in-4.

—Avis aux habitants des villes et des campagnes de la province du Languedoc, sur la manière de traiter leurs grains et d'en faire du pain. Cet ouvrage avait été imprimé par ordre des Etats de Languedoc, qui l'avaient jugé d'une grande utilité pour l'instruction du peuple. *Paris*, 7 feuilles in-4.

—Dissertation sur la nature des eaux de la Seine, avec quelques observations relatives aux propriétés physiques et économiques de l'eau en général. *Paris, Buisson*, in-8.

—Instruction sur la conservation et les usages de la

pomme de terre, publiée par ordre du gouvernement. *Paris*, de l'Imprimerie royale, in-8 et in-12.

—Avis aux cultivateurs dont les récoltes ont été ravagées par la grêle du 13 juillet 1788, rédigé par la Société royale d'agriculture, et publié par ordre du Roi, par MM. Parmentier et Thouin. *Paris*, de l'Imprimerie royale, in-8 de 16 pages. — L'abbé de Commerelle a donné un supplément à cet avis. 1788, in-8.

Au mois de juillet 1788, la grêle ayant ravagé plusieurs provinces, le gouvernement fit publier cette instruction qui indiquait comment on pouvait tirer le meilleur parti possible des récoltes dévastées.

1789—Traité sur la culture et les usages des pommes de terre, de la patate et du topinambour, imprimé par ordre du roi. *Paris*, de l'Imprimerie royale, *Barrois l'aîné*, in-8.

—Mémoire sur les avantages que le royaume peut retirer de ses grains, avec un Mémoire sur la nouvelle manière de construire les moulins à farine, par *Dransy*, couronné par l'Académie des sciences. On y a joint un Manuel sur la manière de traiter les grains et d'en faire du pain dans la province du Languedoc, par *Parmentier*. *Paris*, *Barrois l'aîné*, in-4.

1790—Economie rurale et domestique. *Paris*, 8 vol. in-18. Cet ouvrage fait partie de la Bibliothèque des Dames.

Mémoire sur les semailles. *Paris*, in-8°.

1791—Mémoire qui a remporté le prix sur cette question : déterminer par l'examen comparé des propriétés physiques et chimiques, la nature des laits de femme, de vache, de chèvre, d'ânesse, de brebis et de jument, in-4°.

Ce mémoire a été fait en collaboration avec M. Deyeux. Il a été réimprimé avec quelques additions sous ce titre : Précis d'expériences et d'observations sur les différentes espèces de lait, considérées dans leurs rapports avec la Chimie, la Médecine et l'Economie rurale. *Strasbourg, Levraut,* an VII (1799), in-8°, 4 fr. 50 c.

—Déterminer, d'après les découvertes modernes chimiques et par des expériences exactes, quelle est la nature des altérations que le sang éprouve dans les maladies inflammatoires, les maladies fébriles, putrides, et dans le scorbut. *Paris,* in-4°.

Ce travail a été fait avec M. Deyeux.

1793—Formulaire pharmaceutique à l'usage des hôpitaux militaires de la France ; rédigé par le conseil de santé des armées, etc.

Il y en a eu trois éditions, la dernière est de 1821. *Paris. Méquignon l'aîné, père,* 1821, in-8°, 5 fr.

Ce formulaire a été traduit aussi en allemand et italien.

1795—Avis sur la culture et les usages de la pomme de terre. in-8°.

—Avis sur la préparation et la forme à donner au biscuit de mer. *Paris,* in-8°.

1881—Art (l') de faire les eaux-de-vie, d'après la doctrine de Chaptal, où l'on trouve les procédés de Rozier, pour économiser la dépense de la distillation et augmenter la spirituosité des eaux-de-vie, de vin, de lie, de marcs, de cidre, de grains, etc.; suivi de l'art de faire les vinaigres simples et composés, avec la méthode en usage à Orléans pour leur fabrication ; les recettes des vinaigres aromatiques, et les procédés par lesquels on obtient le vinaigre de bière, de cidre, etc. Ouvrage orné de cinq planches représentant les diverses machines et instruments servant à la fabrication des eaux-de-vie. *Paris, Delalain fils*, 3 fr. 50 c. — Deuxième édition, *Paris, Méquignon aîné, père*, 1818, in-8°, 4 fr.

Réimpression de ce livre dans le Traité théorique et pratique sur la culture de la vigne.

1802—Rapport au Ministre de l'Intérieur, par le comité général de bienfaisance, sur la substitution de l'orge mondé au riz, avec des observations sur les soupes aux légumes. *Paris, Marchand*, in-8°.

1804—Rapport au Ministre de l'Intérieur sur les soupes de légumes, dites à la Rumfort, in 8°.

1811—Code pharmaceutique à l'usage des hospices civils, des secours à domicile et des prisons. *Paris, Méquignon aîné, père*, in-8°, 8 fr.

1812—Instruction pratique sur la composition, la préparation et l'emploi des soupes aux légumes, dites à la Rumfort. *Paris, Méquignon aîné, père*, in-8° de 48 p. 1 fr. 25.

—Aperçu (nouvel) des résultats obtenus de la fabrication des sirops et conserves de raisins, dans le cours de l'année 1812. Imprimé et publié par ordre du gouvernement. *Paris, de l'Imprimerie Impériale.*

—Aperçu des résultats obtenus de la fabrication des sirops et des conserves de raisins, dans le cours des années 1810 et 1811, pour servir de suite au Traité publié sur cette matière ; avec une Notice historique et chronique du corps savant. *Imprimé* et publié par ordre du gouvernement. *Paris, de l'Imprimerie Impériale, Méquignon aîné*, in-8°, 5 fr.

1813—Traité sur l'art de fabriquer les sirops et conserves de raisins destinés à suppléer le sucre des colonies, in-8°.

HISTOIRE

DE

LA POMME DE TERRE.

HISTOIRE

DE

LA POMME DE TERRE.

La plante appelée *solanum tuberosum* et vulgairement pomme de terre, est de l'espèce du genre *solanée* et de la famille des *solanées* qui doit son nom aux tubercules plus ou moins gros et arrondis, produits par des racines. Sa tige est creuse, anguleuse de un à trois pieds de haut; ses feuilles sont décurrentes, ses fleurs disposées en corymbe, leur couleur est violette ou blanche, ou bien encore d'un blanc gris entremêlé de rouge.

Les variétés de cette plante sont très nombreuses. On distingue cependant : la *Patraque rouge*, — la *Patraque jaune des États-Unis*, — la *Patraque blanche à vaches*,

— *l'Anglaise jaune*, — la *Blanche longue*, — *l'Anglaise hâtive*. — Puis viennent ensuite les variétés de vitelotte, *l'Oblongue*, — la *Violette longue*, etc.

Les unes par leur volume sont préférables pour la fabrication de la fécule et l'engraissement des bestiaux, les autres par leur saveur sont employées pour la nourriture de l'homme.

En dehors des principales classes que nous venons d'indiquer, les variétés se multiplient journellement; chaque village peut en citer qui lui sont propres; la qualité du sol, les méthodes de culture particulière les diversifient à l'infini, et elles subissent de telles modifications, qu'avant peu il sera difficile d'en reconnaître les caractères primitifs.

La pomme de terre est de tous les végétaux celui qui donne la récolte la plus saine et la plus avantageuse.

En général on avait cru, et Parmentier partageait cette opinion, qu'elle était orignaire de la Virginie et que c'étai l'infortuné Walther Raleigh, qui, en 1595, l'avait rapportée en Europe au retour de son expédition.

Raleigh avait entrepris ce voyage pour le compte d'E-sabeth, reine d'Angleterre; mais il croyait trouver aussi le fameux pays d'*Eldorado* si recherché par les aventuriers du XVIe siècle, et, au lieu des richesses qu'il espérait trouver, il n'aurait rapporté de cette longue course périlleuse, que cette petite plante dont il ignorait sans doute la valeur. Trésor inestimable qui dépassait de beaucoup ceux qu'il avait été chercher.

La chronique anglaise rapporte même qu'Elisabeth en avait le jour de Noël sur sa table, autour d'une oie rôtie, lorsqu'elle reçut la nouvelle de la destruction de la fameuse *Armada*, flotte de Philippe II, roi d'Espagne qui voulait envahir l'Angleterre. Depuis ce temps, il est d'usage en ce pays d'en servir sur table le jour de Noël.

Cuvier croit contrairement à cette version, qu'il est probable que la pomme de terre nous vient du Pérou, et que ce sont les Espagnols qui l'on fait connaître à l'Europe.

« Raleigh, dit-il, n'alla en Virginie qu'en 1586, et nous « pouvons conclure du témoignage de Clusius, qu'en 1587, « la pomme de terre devait être connue dans plusieurs « parties de l'Italie et qu'on l'y donnait aux bestiaux, ce « qui suppose déjà quelques années de culture. Ce vé- « gétal a d'ailleurs été indiqué par les premiers écrivains « espagnols comme étant cultivé aux environs de *Quito* où « on l'appelait *papas* et où l'on en préparait plusieurs « sortes de mets. »

Enfin ce qui semble compléter toutes les preuves désirables, *Banister*, qui a fait de grandes recherches sur les plantes indigènes de la Virginie, ne met pas la pomme de terre dans sa nomenclature; il dit même, expressément, qu'il l'y a cherchée pendant douze années, tandis que *Dombey* l'a trouvée à l'état sauvage dans toutes les Cordilières où les Indiens en font encore aujourd'hui les mêmes préparations qu'au temps de la découverte. La Virginie produisant des plantes à racines tubéreuses, des descriptions incomplètes ont pu les faire confondre avec la pomme de terre d'Europe. *Harriot* nomme *openawk*, une plante qui y a bien quelques rapports, mais l'auteur anonyme de l'*Histoire de Virginie* dit positivement qu'elle n'a rien d'assez semblable avec le *Potatoe* d'Irlande et d'Angleterre, qui est notre pomme de terre, pour qu'on puisse les confondre tous deux.

Quoi qu'il en soit de ces opinions contradictoires, il paraît certain que c'est à la suite de la conquête du Pérou qu'elle a été introduite en Europe, et qu'en 1531, les Péruviens la cultivaient, s'en nourrissaient et connaissaient déjà les moyens d'en extraire la fécule.

Au sujet de son origine, Parmentier disait : « De quels « sentiments ne devons-nous pas être pénétrés pour la « mémoire de ce voyageur rare, qui, le premier, apporta « dans sa patrie une plante aussi productive? Il faudrait « lui ériger une statue, et la reconnaissance ne manquerait « pas de faire tomber à ses pieds les habitants des cam- « pagnes dérobés aux horreurs de la famine par le secours « unique des pommes de terre. »

Cet admirable végétal a été accueilli diversement en Europe.

Gérard, écrivain anglais, en avait conservé deux en 1597, et il les cultivait comme objet de curiosité dans un jardin près de Londres.

Le docteur *Campbell* en fixe l'introduction en Angleterre, à l'année 1610, quinze ans après le retour définitif de Raleigh.

Francis Bacon est le premier qui, en Angleterre, ait mentionné les propriétés de cette plante ; c'est ainsi qu'il en parle dans son *Histoire de la Vie et de la Mort* (*Life and Death.*) « Un quart de racines farineuses, telles que « celles de la pomme de terre, mélangée avec trois quarts « de grain, rendra la bière plus saine et plus propre à pro- « longer la vie. » On pense que ce sont les Irlandais qui l'ont employée les premiers; car elle a été longtemps désignée sous le nom de *Patate d'Irlande;* mais, il faut le dire à notre honte, elle fut proscrite en France. Quelques historiens, et entre autres *Bauchin*, rapportent que de leur temps, l'usage en avait été interdit en Bourgogne, parce qu'on les accusait de causer des maladies contagieuses.

« On ne se persuaderait jamais, dit Cuvier, qu'un vé- « gétal si sain, si agréable, si productif, qui exige si peu « de manipulations pour servir à la nourriture; qu'une « racine si bien garantie contre l'intempérie des saisons; « qu'une plante, en un mot, qui, par un privilège unique, « réunit manifestement tous les genres d'avantages, sans « autre inconvénient que celui de ne pas durer toute l'an- « née, mais qui doit à ce défaut même un avantage de « plus, celui de ne point donner de prise à l'avidité des « accapareurs, ait pu avoir besoin de deux siècles pour « vaincre des préventions puériles. »

La pomme de terre ne se propagea en France, qu'à l'exemple de l'Angleterre, et elle n'y prit un certain développement que sous le règne de Louis XIV. En Suisse on l'avait beaucoup mieux accueillie. Les disettes qui eurent lieu vers la fin du règne de Louis XV, furent cause qu'elles se multiplièrent. Turgot, dont le nom se retrouve partout où il y avait une idée généreuse à mettre à exécution, contribua à ce qu'on en plantât dans toutes les parties de la France; et Parmentier, ainsi qu'on l'a vu dans la notice qui précède, répondit par ses expériences aux attaques dont elle était l'objet. Cependant, comme le public accusait ce tubercule de donner les fièvres, le contrôleur-général se vit dans la nécessité de faire cesser ces craintes mal fondées, et demanda en 1771, un avis de la Faculté de Médecine; la réponse fut publiée et rassura les esprits.

Parmentier ayant détruit à peu près les préjugés qui s'opposaient à ce qu'elle fût employée, elle est depuis ce temps répandue sur toutes les parties du monde et rend chaque jour d'immenses services à ceux qui la cultivent.

Parmentier qui, le premier, avait compris dans notre pays le parti qu'on en pourrait tirer, disait en pensant à la facilité de sa culture et au peu de frais qu'elle occasionne : « S'il était permis aux malheureux de planter des pommes « de terre dans mille endroits qui ne produisent rien, les « revers des fossés, les bordures inutiles, le pied des « murs, elles y viendraient d'autant mieux que ces places « vagues, n'ont jamais été cultivées; alors ces racines « donneraient une subsistance assurée à ceux qui n'en ont « aucune. »

Que de terrains ainsi perdus! que d'excellentes choses que Dieu nous donne et dont nous ne savons tirer aucun profit. Ce qui pourrait confondre l'orgueil que nous pourrions tirer de notre civilisation; c'est que ce qui sert à la nourriture et aux besoins de première nécessité est souvent mieux compris par les Sauvages que par les Européens. Nous citerons comme preuve l'extrait d'une lettre que *Dombay* écrivait à l'un de ses amis le 20 Mai 1775.

« Les Péruviens, de temps immémorial, ont dû se pré- « server de toute espèce de disette et de famine par la « culture de cette plante — la pomme de terre — qui, « avec le maïs, est leur unique nourriture. Comme cette « denrée est susceptible de la pourriture, les Péruviens « ont obvié à ces inconvénients par deux manières simples « de les préparer. Ces peuples sobres entreprennent les « plus grands voyages à pied, avec un hâvre-sac plein de « pommes de terre desséchées, et un peu de maïs qu'ils « mâchent continuellement. La première préparation « nommée par les Péruviens *papas sera*, consiste à faire « cuire la pomme de terre dans l'eau : on la pèle, on « l'expose ensuite au serein, puis au soleil jusqu'à ce « qu'elle soit sèche; dans cet état elle peut se conserver « plusieurs siècles, en la garantissant de l'humidité. Dans « le pays on en fait une grande consommation mélangée « avec d'autres aliments.

« L'autre préparation est appelée *chunno* : on fait geler « la pomme de terre; on la foule ensuite aux pieds pour « lui faire quitter la peau : ainsi préparée, les Péruviens « la mettent dans un creux d'eau courante, et la chargent « de pierres. Quinze ou vingt jours après ils la sortent de

« l'eau et l'exposent au serein et au soleil jusqu'à ce « qu'elle soit sèche.

« Ces peuples en font des espèces de confitures, une fa- « rine pour les convalescents, et la mélangent avec presque « tous leurs mets. »

On pourrait supposer qu'en France aucun obstacle ne s'élève maintenant contre la culture de la pomme de terre, attendu les services qu'elle a rendus aux époques calamiteuses de notre histoire. On se tromperait : il est encore quelques habitants des départements qui croient que sa culture épuise les terres, qu'elle en absorbe le fumier, et qu'en en plantant plusieurs années de suite dans le même terrain, il deviendrait stérile. Il est cependant prouvé qu'au cas où cet inconvénient existerait, elle n'est pas seule à le produire et que le blé lui-même ne vient pas aussi bien, ne rapporte pas autant lorsqu'il est dans de semblables conditions; car, les agronomes sont presque tous d'avis qu'il faut que la terre se repose après avoir opéré son travail.

La routine poussée jusqu'en ses derniers retranchements ne veut pas céder définitivement la place à la raison, et le manque d'instruction qui, à lui seul, fait plus de victimes chaque année qu'une bataille sanglante, ne manque pas de lui recruter des partisans.

Néanmoins, grâce aux efforts de Parmentier et d'une foule d'hommes généreux qui ont suivi son exemple, l'emploi de la pomme de terre se multiplie, et en ne considérant cette plante que sous le rapport alimentaire, elle offre l'inappréciable avantage d'une récolte certaine, elle n'a point à redouter les ravages causés par les vers, et elle est moins exposée à germer que le grain dont la destruction produit la famine et cause le désespoir des cultivateurs.

Leur soi-disant maladie a été le sujet de bien des écrits, de bien des discussions; au milieu de tout ce que nous avons pu lire, il est quelques pages insérées dans les *Annales de l'Agriculture française* (1) qui nous ont paru pleines de logique et de justesse; il est difficile de réfuter d'une manière aussi claire et aussi concise ce qui a été fait sur cette question. M. *Girou de Buzareingues* auteur de ce travail, dit :

« En 1845, les pommes de terre ne sont point parvenues à leur parfaite maturité; et de là cette dégradation générale de ce tubercule que l'on a considérée comme une maladie à la fois épidémique et contagieuse, et qui n'est, si je ne me trompe, qu'une privation accidentelle de la vie, déterminée par l'insuffisance de la chaleur et suivie d'une moisissure générale ou partielle, selon que la pomme de terre ait été atteinte en totalité ou en partie.

« Les mois de juillet et d'août ont été froids, les fanes de pommes de terre ont été plus ou moins brulées par les gelées blanches ou par de glaciales rosées, et beaucoup de pommes de terre ont cessé de végéter dans les parties correspondantes aux fanes détruites : la moisissure et les champignons qui la signalent ont envahi ces parties.

(1) Observation sur la prétendue maladie des pommes de terre.

« Les pommes de terre dont les feuilles n'ont eu aucune « atteinte avant le parfait développement des tubercules, se « sont conservées saines jusqu'à ce qu'on les ait arrachées ; « mais celles qui ont été cueillies trop tôt, ou à l'époque or- « dinaire de cette récolte, n'étant point assez mûres, ont « pourri, quoique saines, lorsqu'elles ont été entassées, et « si on les a répandues avant d'en empêcher la fermenta- « tion, il est à craindre que faute d'une suffisante maturité, « elles ne puissent germer.

« On doit donc ne semer que celles qu'on a laissées « mûrir ou qui n'ont été arrachées que fort tard.

Après avoir fait connaître sur quelles expériences il appuie son assertion, M. *Ch. Girou* ajoute :

« Les pommes de terre qui ont été arrachées avant l « mois de novembre ne pouvaient être mûres, à cause du « froid des mois de juillet et d'août, époques ordinaires du « grand développement de ce tubercule, à moins qu'elles « n'eussent été rendues hâtives soit par les engrais, soit par « la culture.

« Les pommes de terre, quoique saines, qui ont été « cueillies à l'époque ordinaire de cette récolte, ont fer- « menté et ont pourri lorsqu'elles ont été entassées.

« On ne doit pas être surpris qu'un tubercule que l'on « peut considérer comme un rameau d'une plante annuelle « et herbacée, car on en voit quelquefois à l'aisselle des « feuilles, ne puisse point se reproduire s'il n'est mûr, « puisque la plupart des graines qui n'ont pas atteint leur « parfaite maturité ne peuvent germer.

Plus loin, l'auteur ajoute :

« Il n'y a pas eu, je le répète, de maladie de pommes « de terre en 1845 : les froides rosées ou les gelées blanches « qui les ont frappées au moment de leur grand dévelop- « pement ou dans le commencement de leur formation, « ont occasionné la combustion des feuilles que le soleil a « pu atteindre avant la vaporisation ou l'absorption des « goutelettes d'eau dont elles étaient couvertes. »

Enfin après avoir prouvé que le soleil n'avait pu chauffer toutes les parties de la plante, M. Girou, dit que, « tout « n'a pu parvenir dans les délais ordinaires, à une parfaite « maturité, par défaut d'une chaleur suffisante, et ce qui « n'est point assez mûr ne pourra germer. »

Ces observations exprimant entièrement notre pensée, nous n'avons rien à y ajouter. Maintenant, s'il fallait un motif pour expliquer les louanges que mérite la pomme de terre, et qui peuvent faire sourire le riche qui ne comprend pas la valeur de ce tubercule, nous dirions que, lorsqu'une seule plante peut sauver de la famine des populations entières, lorsqu'elle a la puissance de servir à la fois aux travaux industriels et à la nourriture de l'homme, et qu'en récompense de ce qu'elle donne, elle ne réclame que peu de soins et une faible dépense d'argent, nous ne saurions trop lui prodiguer de louanges et bénir les hommes qui se sont dévoués à sa propagation.

GODARD.

Culture de la Pomme de terre.

La pomme de terre réussit partout; presque tous les terrains lui sont propres, à l'exception toutefois des terrains par trop calcaires, parce qu'ils empêchent le développement de la plante, et les terrains marécageux ne donnent que des pommes de terre qui ont un goût de pourri et étant remplies d'eau ne contiennent presque pas de fécule.

Sauf ces deux exceptions, le sol pierreux de la Lorraine et les environs de Paris, qui n'ont que des terrains sablonneux en produisent considérablement.

Loin de partager l'opinion des auteurs qui croient que la pomme de terre appauvrit le sol, nous croyons qu'au contraire elle le fertilise.

Nous citons les conseils que donne Antoine de Reville dans la *Maison Rustique au* XIXe *siècle :*

1° Dans les terres sablonneuses et chaudes, cultiver les variétés tardives et dont les tubercules descendent à une grande profondeur;

2° Dans les terrains argileux, préférer les variétés hâtives et dont les racines s'étendent peu;

3° Dans les marais froids, on cultivera les variétés hâtives et dont les tubercules iront chercher leur nourriture à une grande distance.

La quantité d'alcali que les fanes possèdent et qu'on peut brûler sur le terrain même, est un engrais puissant.

Le moyen le plus facile et le plus en usage pour la reproduction s'exécute par les tubercules.

On coupe une pomme de terre en biseaux, en ayant soin que chaque morceau ait deux ou trois œilletons.

Presque tous les engrais conviennent pour ce tubercule.

La plantation s'en fait encore à la main dans beaucoup de pays (1), mais la charrue est un procédé plus économique et qui a l'avantage de faire pousser régulièrement.

Pour ce qui est de l'époque de la plantation, nous reproduirons ce qu'en dit M. J. J. May (des Vosges), dans son *Traité de la culture des Pommes de Terre :*

« Relativement à la plantation, il est un principe incon-
« testable et applicable dans tous les temps, dans toutes
« les localités et dans toutes les terres; c'est qu'il ne faut
« jamais se livrer à cette opération que lorsque la terre est
« parfaitement essuyée, et par un beau temps. Cette con-
« dition est de rigueur; car, en faisant la plantation dans
« une terre humide ou par un temps pluvieux, il en ré-
« sulte un tassement de la terre très préjudiciable au suc-
« cès de la plante, et qui rend en outre les façons de
« culture beaucoup plus longues, plus dispendieuses.

« Relativement à l'époque de la plantation, s'il est im-
« possible de la fixer, même approximativement, on peut
« très bien faire connaître les circonstances qui détermi-

(1) Même aux portes de Paris, auprès de Crespy, en Valois, etc.

« nent cette époque. Elle commence aussitôt que la saison « de la neige est passée ou du moins lorsqu'elle ne sé-« journe plus sur le sol et qu'elle se fond en tombant, ou « quelques instants après; c'est en même temps un signe « qui indique presque toujours que les fortes gelées sont « ainsi passées, et qu'on peut planter les tubercules sans « crainte de les voir pourrir par suite de ces gelées. »

Pour le binage, on doit le faire plusieurs fois soit avec la houe à main soit avec la houe à cheval.

Quant au moment de l'arrachage, on s'en aperçoit par la couleur jaunâtre que les feuilles prennent lorsqu'elles commencent à se faner.

Les instruments et la méthode qu'on emploie, diffèrent selon les localités, et il n'y a rien de fixe à cet égard. Cependant, il paraît que la pioche à deux dents est préférable.

Il y a plusieurs modes de conservation. La méthode péruvienne est celle qui nous paraît être la plus favorable, et nous renvoyons à la lettre de Dombay citée précédemment.

Nous ne parlons pas ici de la pomme de terre envisagée au point de vue culinaire, attendu qu'il n'est personne qui ne sache ce qu'on peut en faire. Au surplus, on peut consulter à cet égard le Traité *Carême*, le *Cuisinier Royal* et tous les *livres spéciaux de Cuisine.*

—

Analyse de la Pomme de terre.

100 kil. Est composé comme suit :

Fécule 16 à 18 kil.	16
Parenchyme.	9
Eau de végétation.	75
Total.	100

Le produit d'un arpent terme moyen, 70 septiers.
Un septier pèse en vert, 240
Ainsi, multipliant 70 par 240, fait 16,800, de pomme de terre.

Ainsi un arpent donne 2,800 de fécule, et en ligneux son parenchyme 1,512.

En sus, la feuille et la tige, étant brûlées, peuvent donner en potasse, une valeur de 600 fr.

Il est prouvé qu'un arpent de pommes de terre rapporte au moins ce que j'avance, et cette culture est plus aisée et moins incertaine que le blé.

—

Nous donnons la note suivante faite par un de nos premiers agriculteurs :

Comparaison du poids d'un hectare, planté en pommes de terre, ou en froment, seigle et orge.

L'hectare, selon la terre, donne de 27,000 kilos jusqu'à 54,000, qui contient 33 p. cent de matière nutritive solide;

c'est donc 9 à 18,000 kilos. Poids égal de 60 à 120 hectolitres de froment, de seigle ou d'orge, produit ordinaire, de 3 à 6 hectares de terre à raison de 20 hectolitres par hectare.

Ainsi, un champ de pommes de terre peut nourrir trois ou six fois autant d'individus qu'ensemencé de blé; la culture de ce tubercule coûte moins que celle des céréales et on récolte avec plus de chances de succès.

Ainsi un hectare donne 9,000 ou 18,000 kilos de farine.

—

Pain de Pommes de terre.

On lave 100 liv. de pommes de terre avec le plus grand soin, on la rape et on fait tomber la pulpe et la fécule dans un tonneau rempli d'eau aiguisée par 1/4 pour cent litres, d'eau de source ou de rivière, d'acide sulfurique du commerce (huile de vitriol).

Puis après, on retire cette matière en décantant l'eau et on en ajoute d'autres, on relave encore une fois, mais sans y ajouter d'acide; si l'eau sort claire et n'est pas acide, c'est une preuve que le lavage est bien fait, on pourrait s'en assurer avec un réactif quelconque, mais à la bouche c'est assez..

On prend cette matière, on y ajoute 3 liv. d'orge germé (Malt du Brasseur), que l'on peut faire broyer grossièrement tel que les brasseurs l'emploient.

Puis on fait bouillir ce Malt avec 10 litres d'eau, puis, on laisse reposer, ou l'on passe à travers un tamis serré.

L'eau s'est emparée d'un principe nommé diastase contenu dans l'orge; puis, on prend cette eau et on y met sa pomme de terre, on y ajoute 2 kilos de levain (levure de bière). On brasse et l'on pétrit ces matières ensemble, puis on met cela dans un endroit tempéré (1) en couvrant cette pâte comme les boulangers font pour faire le pain ordinaire.

Une fermentation arrive ; quand elle est terminée, on y ajoute 15 kilos de froment, du sel 300 grammes. On pétrit un peu plus fortement que le pain de froment pur ; cette pâte n'ayant pas le gluten que contient la farine de blé, quoique la diastase la remplace jusqu'à un certain point.

Le pain est fort beau, excellent et d'un goût plus relevé que le pain de froment.

Il se conserve fort bien quatre à cinq jours, mais passé ce temps, une nouvelle fermentation panaire arrive et une certaine quantité de la pâte se transforme en principe sucré. Il faut donc ne faire ce pain que pour être mangé tous les quatre à cinq jours. Ce pain doit revenir de 6 à 7 centimes le demi kilo, dans ce moment.

DEUXIÈME PROCÉDÉ.

On cuit la pomme de terre à la vapeur, on la met en

(1) La température de 25 à 30 degrés centésimaux convient. Plus basse, la fermentation s'établirait difficilement ; plus haute elle ne vaudrait rien.

Au bout de quatre à six heures, elle doit être finie.

pâte que l'on étend de l'épaisseur de un à deux pouces, puis, on la porte dans une étuve et on fait sécher; on la passe à la mouture ordinaire. Par ce procédé 100 kilos en poids de pommes de terre, rapportent 64 liv. de farine.

Ces 64 liv. mis avec 36 liv. de farine de froment, constituent un pain bon, frais et dont le goût n'est pas changé.

Ce pain, par ce moyen, est préférable à la fécule et se conserve au moins aussi bien que celui de froment pur.

—

Pain 2/3 de Pommes de terre,

De M. ROZIÈRE, Pharmacien, à Tarbes.

Nous croyons rendre service en consignant le travail consciencieux d'un homme de talent.

On prend, pommes de terre blanches, 50 kilogrammes, on les lave avec le plus grand soin, on les râpe avec l'instrument dont il est question plus loin, ou on prend deux feuilles en ferblanc perçées, clouées sur des planches; à l'aide de la main, on rape ces pommes de terre. La pulpe doit être reçue dans l'eau froide, à mesure qu'elle est fournie par la râpe.

Lorsque cette opération est faite, on la termine en lavant la pulpe jusqu'à ce que l'eau en sorte incolore; mais avant que de jeter l'eau, on la laisse reposer; on trouve au fond du vase, de la fécule qui, sans cette précaution, pourrait être entraînée. On la met sur une toile par petites portions avec sa pulpe et on en imprègne fortement l'eau qu'elle contient; on recoit cette eau dans un vase, et la fécule qu'elle contient se dépose bientôt pour être mélangée au parcelaire qui doit servir à la fabrication du pain.

La pomme de terre lavée, râpée et exprimée, est portée dans la maie (1); on y introduit 1 kilo 1/2 de levain, que l'on a préalablement divisé avec une petite quantité d'eau bouillante; on bat fortement ce mélange et on laisse fermenter pendant six heures à la température de 15 à 16 dégrés. L'auteur fait observer qu'il faut employer le levain bien frais, c'est-à-dire six heures après sa confection; ordinairement, et surtout dans le midi, on emploie le levain à l'état avancé d'acidité, ce qui nuit à la saveur douce et spongieuse du pain.

A l'aide de cette fermentation, il change la pulpe de la pomme de terre en une masse homogène, spongieuse, qui donne du pain d'une bonne qualité, bien cuit, et d'une digestion prompte.

Dès que la fermentation est expirée, on prend 25 kilos de farine de froment, 325 grammes de sel de cuisine, (Muriate de soude), que l'on ajoute aux 50 kilogrammes de pommes de terre fermentées, et l'on fait, du tout, une pâte homogène que l'on travaille par parties, car elle a besoin d'être plus longuement battue que celle de froment; on laisse de nouveau fermenter pendant deux à trois heures, suivant la température, et l'on met au four.

(1) Pétrin.

Trois heures suffisent pour la cuisson ; lorsqu'on a fait des pains, de 15 à 16 au plus, la fournée refroidie donne pour produit, 76 à 77 kilos de pain.

Ce pain est bien levé, assez blanc, agréable au goût ; il trempe facilement, la fibre de la pomme de terre a disparu. Ce pain est supérieur à celui obtenu à l'aide de diverses farines de céréales autre que le froment.

Il se conserve assez frais pendant huit jours.

Nous ferons observer qu'il ne se conserve pas aussi frais que les pommes de terre cuites à l'eau ou à la vapeur ; ce qui nous semble un avantage, car, dans beaucoup de campagnes on avait renoncé à panifier la pomme de terre cuite, par cela seul que la consommation du pain était augmentée.

Le cultivateur, l'artisan, obtiendront par ce procédé un pain aussi nourrissant que celui fait avec le froment et qui ne reviendra qu'au 1/3 du prix ordinaire. Dans ce moment il reviendrait à 10 centimes 1/2 la livre.

TROISIÈME PROCÉDÉ.

On prend la pomme de terre, on la lave à grande eau ; puis après on la coupe par tranches de l'épaisseur du double d'un deux sous. Au fur et à mesure que vous faites ces tranches, vous les jetez dans un tonneau où il existe de l'eau aiguisée avec quatre onces d'acide sulfurique pour 100 litres d'eau ; quand la quantité que vous voulez faire est terminée vous laissez tremper vos tranches de pommes de terre, d'une demi-heure à une heure.

Puis après, vous les retirez, les lavez à deux ou trois eaux; puis les mettez sur des claies dans une étuve (1) pour en opérer la dessiccation : puis, après, sèches, vous envoyez moudre.

Il vous revient une farine blanche qui peut être mise pour 1/3 ou pour 2/3 pour la panification.

Cette farine sera blanche à la manutention; elle n'est pas lourde; le gindre n'aura pas beaucoup plus de travail que sur du froment pur.

—

Blanchissage du Linge par la Pomme de terre.

En suppléant aux sels de soude et de potasse et aux savons divers, on pourra :

1° Economiser, et en sus mettre à même la classe laborieuse d'être beaucoup plus propre, et la propreté est un vrai besoin de la vie.

Le linge le plus sale par ce moyen, sera blanchi sans laisser une arrière-odeur que donne souvent la lessive et que les blanchisseurs cherchent à masquer avec un peu d'Iris.

(1) On peut encore les faire dessécher dans un four à boulanger, après la cuisson du pain.

PROCÉDÉ.

Après avoir cuit la pomme de terre, on la met en pâte, on frotte l'étoffe comme avec le savon, et on peut laver son linge avec de l'eau de puits étant aussi bonne que l'eau de rivière ou de fontaine.

Avantage pour certaines localités où il n'existe pas de ces dernières.

Lessive, blanchissage, tout est fait à la fois.

—

Café de Pommes de terre.

On prend des pommes de terre, on les coupe en morceaux gros comme un haricot, puis on les met dessécher dans une étuve ou au-dessus d'un four de boulanger pendant 24 heures.

Puis après, on a une poële neuve (surtout qu'elle n'ait pas servi à la friture), un bruloir à café vaut beaucoup mieux, le grillage s'opère plus facilement, puis quand la pomme de terre est desséchée, on l'arrose, par livre de pommes de terre employées, d'une 1/2 once d'huile d'olive pure; puis on remet griller; quand elle a pris la couleur du café brûlé on l'étend sur un linge blanc.

Quand les morceaux sont refroidis, on les met dans un vase que l'on bouche.

Pour s'en servir on broie ces morceaux comme les grains de café; on remplace ce dernier, ou on le mélange avec le café pomme de terre, comme on fait avec la chicorée.

On augmente sa bonté en employant un moyen qui est fort simple, mais qui est beaucoup préférable.

Quand on brûle le café, telle précaution qu'on prenne, on laisse toujours échapper une quantité considérable de principes odorants, les 15/16e se développent en brûlant.

En faisant torréfier 2 liv. de pommes de terre, joignez-y 1 liv. de café.

Mais, ayez la précaution de mettre dans votre brûloir votre café ; quand il commence à suer, joignez-y vos morceaux de pommes de terre desséchés au four sans être torréfiés et arrosés d'huile. Puis fermez votre brûloir, brûlez le tout ensemble jusqu'à la couleur voulue. L'huile d'olive étant fixe, s'empare du principe odorant du café, et ces deux principes se réunissant, le café est aussi odorant que s'il était de café pur.

Il a l'avantage sur le café pur d'être moins irritant.

—

Fromage de Pommes de terre.

Cette fabrication se fait commercialement en Saxe, et l'on y vend ce fromage dans les marchés.

1° Il a l'avantage de se conserver frais;

2° De revenir excessivement bon marché, car dans les fermes le lait caillé est donné aux bestiaux.

PRÉPARATION.

On prend des pommes de terre de bonne qualité, les grosses blanches sont toujours les meilleures, on les fait cuire à la vapeur ou dans un chaudron avec un peu d'eau au fond.

On les laisse refroidir, on les pile, ensuite on les réduit en pâte bien homogène, car s'il restait de la pomme de terre en morceaux cela serait nuisible à la parfaite réussite (1).

On passe, pour son ménage, la pomme de terre à travers un tamis en toile métallique.

Puis on ajoute à 4 liv. de pommes de terre, 2 liv. de lait caillé (2). La crême retirée, on pétrit tout bien intimement; on laisse reposer le mélange en le tenant couvert de trois à quatre jours; puis après, on repétrit de nouveau et on place ce fromage dans de petites corbeilles de 2 pouces de haut.

Vous avez le soin de garnir vos corbeilles d'un linge afin que le mélange ne s'échappe pas.

Vous mettez cela en suspension dans un endroit frais mais où il existe un courant d'air; une cave est bonne, mais il faut qu'elle soit aérée.

(1) Si on voulait faire de cet article un commerce, il faudrait écraser les pommes de terre et avoir un appareil comme les fabricants de couleurs en ont pour leurs fabrications. Ce sont deux rouleaux entre lesquels passe la couleur.

(2) Il ne serait que meilleur si on lui donnait la crême, mais il est excellent sans cela.

On peut aussi faire sécher dans une pièce, mais à l'ombre.

Quand ils sont à moitié secs, on saupoudre la partie exposée à l'air de sel que l'on frotte dessus, puis on les retourne. Il serait bon de faire cela quatre fois pour chaque côté.

Si on exécute bien, on obtient un excellent fromage, qui se garde fort bien dans des tonneaux fermés hermétiquement.

Quelques praticiens leur communiquent un goût particulier, en mettant dans un tonneau ou une caisse qui doit contenir les fromages : un lit de foin, un lit de fromages, puis un second lit de foin, ainsi de suite.

Il ne faudrait pas se servir de foin qui ait un mauvais goût, le fromage s'en emparerait.

On peut augmenter la dose du lait caillé, le fromage sera plus gras.

Tabac de Pommes de terre.

Avec la pelure séchée et broyée, passée au tamis, c'est un sternutatoire qui peut remplacer le tabac à priser ; on peut y ajouter, pour lui donner du montant, un peu d'iris en poudre ou un peu d'huile essentielle de rose ou de citron (1).

(1) Cette pelure étant excessivement mince, il en faudrait de grandes quantités. L'auteur ne le donne donc ici que comme un fait curieux.

PARENCHYME.

—

Chicorée de Pommes de terre.

Avec le Parenchyme on en fait une chicorée en Belgique.

Elle est composée de :

20 livres de Parenchyme ;

3 onces d'huile d'œillette blanche ;

Mis dans un brûloir et torréfiés comme le café (1).

—

Peinture à la Pomme de terre.

Vous faites cuire 20 livres de pommes de terre, quand elles sont cuites vous les passez à travers un tamis afin que la pâte soit homogène. Puis vous prenez 30 litres d'eau, que vous faites bouillir avec 2 livres d'orge germé (Malt des Brasseurs). Quand l'eau est en ébullition, vous arrêtez et vous passez ce liquide pour en retirer le son et le ligneux de l'orge, ou vous laissez reposer et décanter le liquide sur l'espèce de marc.

Vous reprenez cette eau et vous y délayez votre pâte.

(1) Voyez à l'article Café.

Vous poussez la matière jusqu'à l'ébullition et votre peinture est faite. Il n'y a plus qu'à ajouter le blanc, ou la couleur qui vous convient; puis vous vous en servez comme vous le feriez avec la peinture à la colle.

Si la matière était trop épaisse, on la délaierait avec un peu d'eau, mais il faut qu'elle soit mélangée sur le feu.

On peut imiter la peinture à l'huile en passant sur cette peinture une couche de vernis.

Avec la fécule on peut aussi constituer une peinture plus fine :

30 litres d'eau ;

8 livres de fécule ;

2 livres d'orge germé (Malt des Brasseurs), faites-les bouillir en ayant soin de remuer continuellement afin que votre fécule soit bien délayée. Quand ces matières auront bouilli une demi-heure, ajoutez-y une livre d'alun ; une fois l'alun fondu retirez du feu et ajoutez-y votre blanc ou vos terres d'Italie, etc.

On peut, comme pour la précédente, y poser une couche de vernis, et elle aura l'apparence de la peinture à l'huile.

Papier avec des Tiges de Pommes de terre.

Ces tiges ont besoin d'être préliminairement soumises à un rouissage qui consiste simplement à les exposer sur l'herbe pendant quelques mois et à les retourner de temps en temps. Le but de cette opération est de les rendre bien blanches. Avec ces tiges ainsi préparées, il est possible de fabriquer d'assez bon papier, soit en les employant seules, soit en les mêlant à de vieux chiffons. Employées seules, elles donnent un papier commun, âpre au toucher, et assez analogue à celui qu'on prépare avec des tiges de maïs. En les mêlant avec le résidu des féculeries de pomme de terre, on obtient un papier fort, propre à fabriquer des cartons et à envelopper le sucre. Ces papiers ont en général une couleur plus ou moins verdâtre. (Dubus.) Ext. du Précis des travaux de l'Académie des sciences. Rouen, 1833 (1).

—

Polenta de M. Ternaux.

On fait cuire des pommes de terre à la vapeur, puis on les épluche; ensuite, on passe la pâte à travers une passoire ou un tamis, on l'étend sur des chassis tendus en canevas ou en laine. Il faut que la couche ne soit pas épaisse, afin que la dessiccation se fasse vite et facilement.

On met à l'étuve à une température que l'on élève de 70 à 75; la dessiccation faite, on porte cette substance dite *polenta* au moulin; là, on la moud plus ou moins fine, on

(1) On pourrait fort bien décolorer la pâte et l'on aurait un papier blanc.

passe le produit dans les blutoirs ou tamis de différentes grosseurs pour les mailles, on obtient : de la farine, de la semouille, du gruau, du riz, du sagou, etc.

La *polenta* seconde qualité, produisant : farine polenta, semouille, gruau, sagou, est faite sans éplucher les pommes de terre.

Voici le prix fait et établi par M. Ternaux, inventeur de ces pâtes faisant d'excellents potages, d'après le rapport de sa fabrique établie à Saint Ouen :

Gruau ou farine 1re qualité, 5 setiers de pommes de terre de 160 à 165 kilogr. chaque, à 3 fr. le setier.	15 fr.	» c.
Ce prix est l'ordinaire, mais cette année il est bien plus élevé.		
120 kilos de houille { 40 pour la cuisson... / 80 p. la dessiccation.. }	5	»
10 ouvrières pour l'épluchage.........	10	»
2 ouvriers........................	4	25
Menus frais........................	1	50
1/2 journée de mouture..............	1	50
	37 fr.	25 c.
Intérêt du capital employé à 6 p. 0/0....	2	24
	39 fr.	49 c.
Puis les frais du loyer à 800 fr. par an, l'intérêt du prix des ustensiles, l'usure des outils..............................	8	54
	48 fr.	03 c.

Le prix de ces potages est peu élevé, comme on peut s'en rendre compte par ce tableau.

Polenta deuxième qualité.

Retranchant les ouvrières occupées à l'épluchage des pommes de terre, la polenta seconde qualité reviendra à un tiers de moins du premier.

Il existe sur la quantité de houille pour la dessiccation deux tiers du combustible à épargner, en faisant une étuve à courant d'air chaud, ce qui pourrait faire par jour encore une diminution de 20 francs.

Les personnes qui voudront faire de la semouille ou du gruau, sagou, enfin ces pâtes, peuvent fort bien cuire elles-mêmes leurs pommes de terre et les mettre sur des châssis tendus en toile dans un four de pâtissier ou de boulanger après la cuisson, puis moudre elles-mêmes la pâte dans un moulin à café (1).

Polenta au gras.

L'on fait cuire les pommes de terre, et on les fait dessécher à l'étuve sur des claies.

Puis on pèse......	300	liv. polenta séché.
On y ajoute......	120	liv. farine pois.
(Orge germé).....	100	liv. en farine.
	45	liv. sel marin.
	15	liv. poivre en poudre.

On forme de tout cela une pâte homogène, en y incorporant 145 liv. de gelée de pieds de veau; puis on fait des-

(1) Les fours omnibus établis dans tous les quartiers de Paris, par MM. Baudin et Ce, peuvent rendre ce service.

sécher à l'étuve, en étendant cette pâte sur des châssis garnis de canevas.

Puis, après dessiccation, on passe au moulin pour réduire en grosseur voulue.

Cette polenta peut se conserver fort bien pendant plusieurs années, étant mise dans des tonneaux fermés et dans un endroit sec.

On en prépare un potage en délayant dans cinq fois son poids d'eau, et portant à l'ébullition que l'on soutient pendant trois à quatre minutes.

On peut employer la polenta première qualité ainsi que la seconde.

—

Parou ou Encollage à la Pomme de terre

Employé par les Tisserands.

Cet encollage se fait avec de la pomme de terre cuite, écrasée, et ajoutant à son poids par partie deux parties et demie d'eau ; faire bouillir, et quand la matière devient liquide y ajouter trois ou quatre centièmes de *muriate de chaux*.

Les tisserands, pour encoller leur toile, sont forcés de rester dans des bâtiments fermés, et l'emploi de la gélatine pour l'encollage étant une matière animale et étant étendue d'eau, dégage des odeurs *ammoniacales ;* ces odeurs putrides attaquent la santé des ouvriers. Avec le *parou* à la pomme de terre, l'ouvrier est préservé de ces exhalaisons pernicieuses.

—

Extraction de la Fécule et du Parenchyme de la Pomme de terre.

Ce travail devient de plus en plus considérable, et formera d'ici à quelques années la plus importante des industries agricoles; déjà, sous ce rapport, elle peut rivaliser avec la betterave (1). Elle augmentera encore, car tous les jours la fécule est employée à de nouveaux produits, et ce qui lui permet de s'étendre c'est que l'agriculteur peut la conserver sous cette forme sans chance de perte.

Ainsi la fécule, par différentes manipulations, se convertit en divers produits utiles: elle constitue de l'amidon, du tapioka, du gruau, de la semouille, de la polenta, de l'igname, de la dextrine, de la gomme, gommeline, de la cassonnade, du sirop, du vin, de la bière, du vinaigre, de l'alcohol, etc.

Le parenchyme se convertit en miel, en mélasse, en caramel, en cirage, en encre, en apprêts, en vinaigre, en alcohol, en hydrogène liquide, en combustible en carton, et en nourriture pour les bestiaux, etc.

(1) La betterave n'est cultivée que dans quelques départements; la pomme de terre l'est du nord au midi.

Une foule d'industriels s'en servent. Le fabricant de pâtes, le fabricant de vernis, les parfumeurs, les apprêteurs sur étoffes, les teinturiers pour indiennes, les teinturiers en soie, les filateurs de coton, les fabriques de Saint-Quentin, de Lille, de Rouen, de Roubaix, de Tarare et de Mulhouse, etc., l'emploient aussi.

Les distillateurs, les liquoristes, les fabricants de limonades gazeuses, les confiseurs, les vinaigriers, les vignerons, les brasseurs, les chocolatiers pour frauder, etc., et une foule d'autres états, la brasserie à elle seule en emploie plusieurs millions de kilos.

Le *Parenchyme* s'emploie, le plus ordinairement, pour la nourriture des bestiaux. Mais il constitue tous les produits indiqués plus haut. La fraude même s'en sert et ce qui n'est pas des plus honorables. Le ligneux séché est passé à la meule et est mêlé au son donné aux chevaux.

Travail de la Pomme de terre pour être réduite à l'état de fécule d'une part, et de pulpe de l'autre.

On sépare ces deux principes à l'aide de plusieurs opérations. La première est le râpage, la seconde le tamisage qui sépare la fécule de son parenchyme et de son eau de végétation; la troisième est le séchage à l'étuve; et la quatrième le blutage.

Pour la première opération, un enfant pousse les pommes de terre dans un cylindre a claire-voie, tournant par le moyen d'un axe horizontal dans une auge remplie d'eau jusqu'à la moitié du cylindre; par une manivelle, un homme tourne et la pomme de terre sort débarrassée de la terre qui l'entourait.

Dans les grandes féculeries, cela marche par un manège ou par une roue hydraulique, ou bien encore par le moyen d'une force motrice mue par la vapeur.

Il y a des rapes qui peuvent faire trois à quatre mille kilos de pommes de terre par jour. En sortant de passer sous la rape, la pomme de terre sort à l'état de pulpe, puis par une espèce de tamisage, la fécule tombe d'un côté, le parenchyme de l'autre.

Puis on prend cette fécule et par plusieurs lavages on la débarrasse de son son, puis on la laisse déposer. On découle l'eau et on met cette fécule dans une caisse en boi ouverte d'un côté et percée de plusieurs trous au fond et sur les côtés; on la garnit intérieurement d'une toile forte et serrée; ensuite on y met la fécule que l'on retire des tonneaux, et quand l'eau est écoulée, que la masse est compacte, on renverse cette caisse sur des planches exposée à un courant d'air; quelques jours après, quand la fécule a laissé échapper sa plus grande quantité d'eau, on la porte à l'étuve où elle finit de se dessécher, puis après on la passe au blutoir, mais souvent on l'emploie sans ce dernier travail.

La fécule séchée est une substance d'un blanc éclatant qui crie lorsqu'on la presse dans la main; elle n'a pas de goût et est inaltérable à l'air.

—

DEXTRINE

Fécule de Pommes de terre préparée par l'acide sulfurique, nitrique, l'orge germé, et par torréfaction pour remplacer la gomme arabique pour les arts.

La fécule, décomposée par les divers moyens que nous allons indiquer, est connue dans le commerce sous différents noms. Nous allons en citer quelques uns : l'hyochrome, la gomeline, la gomme de fécule, etc., elle sert au fabricant d'indiennes pour être employée à remplacer la gomme arabique, aux apprêteurs sur étoffes pour donner un apprêt plus ou moins gommeux; aux fabricants de toiles peintes pour épaissir leur couleur.

Aux fabriques de Saint Quentin et de Tarare pour les mousselines, pour remplacer l'amidon.

A Bolbec, à Rouen, à Mulhouse, aux imprimeurs d'indiennes pour remplacer avec avantage la gélatine et la gomme.

Les fabricants de dentelles, les cartonniers, les parfumeurs emploient aussi ces différents composés.

Gomme de Fécule ne séchant pas.

On fait bouillir dans une chaudière en cuivre, 500 parties d'eau avec 1 partie d'acide sulfurique; puis on délaie dans 300 parties d'eau, 100 parties de fécule, on en fait une bouillie et on l'ajoute à l'eau acidulée.

Puis on pousse le feu, et avec un agitateur qui va continuellement, on tâche d'être toujours de 60 à 70 degrés au plus. La fécule tourne en gomme. Sitôt que l'on a obtenu une décomposition parfaite (le simple coup-d'œil, après quelques jours de travaux, sera suffisant), on retire le feu et de suite on désacidule le liquide gommeux par le carbonate de chaux, puis on laisse reposer; on décante de dessus le dépôt qui est du sulfate de chaux, et puis on s'assure si la fécule est bien entièrement décomposée en mettant de ce liquide gommeux dans un verre à champagne et en y ajoutant une goutte de teinture d'iode. S'il existe encore de la fécule, le liquide prendra une teinte bleue plus ou moins intense; si, au contraire il reste dans son état c'est que l'on a bien procédé.

Alors, on reprend son liquide gommeux que l'on remet sur le feu en y ajoutant par 100 litres de liquides 3 blancs d'œufs délayés, qu'on bat fortement avec la matière, puis on remet sur le feu et on le conduit doucement. L'albumine de l'œuf se coagule et s'empare de tout ce qui peut troubler la transparence et vient surnager au-dessus; on laisse monter les écumes; on cesse le feu; on laisse refroidir. Puis, quand il s'est formé une peau sur le liquide on l'enlève et on obtient une matière claire On fait bouillir de nouveau; on réduit aux 3/4, c'est-à-dire, jusqu'à ce que l'on n'ait que 100 parties de fécule avec 50 autres parties. Enfin, si on a employé 100 parties de fécule réduire jusqu'à consistance de 150 parties.

Gomme de Fécule par l'acide nitrique.

Cette gomme peut remplacer la gomme de pays dans quelques travaux.

Chaque manipulateur a sa dose d'acide, une des meilleures, à mon avis, est cette composition :

100 livres fécule, 2 litres acide nitrique anhydre, quantité d'eau nécessaire dans laquelle est étendue l'acide pour former avec la fécule une pâte épaisse.

Puis on partage par 4 à 5 kilos au plus, et on fait sécher la pâte à une température de 22 à 25 degrés centigrades ou l'air libre en été, puis après on torréfie cette fécule à une faible température de 60 à 70 degrés centigrades au plus en ayant soin de retourner souvent la fécule.

Il faut avoir soin que toute la fécule ait été bien mélangée avec l'eau acidulée et qu'il n'y ait pas de grumelaux.

Gomme dextrine par l'orge malté.

10 livres orge germé (*Malt* des brasseurs); 90 livres fécule de pommes de terre.

On met 125 litres d'eau dans une bassine, quand l'eau est à 40 degrés centigrades on y jette son orge broyé grossièrement, tel que les brasseurs l'emploient.

Puis, on laisse cet orge en infusion pendant 1 heure.

Puis après, on soutire à travers un tamis pour avoir le liquide clair, on remet sur le feu en délayant dans 125 autres litres d'eau les 90 de fécule, on jette cela dans la bassine avec l'eau saturée du principe de l'orge (la diastase), puis on remue continuellement jusqu'à 70 degrés.

A ce degré de température, la diastase agit sur l'enveloppe ou téguments de la fécule, et la fécule sort à l'état d'empois gommeux.

On fait bouillir pendant une 1/2 heure, on refroidit, on y jette des blancs d'œufs comme il est dit plus haut, on remet sur le feu et on réduit jusqu'à 24 degrés au pèse-sirop; puis on graisse des plaques de ferblanc ayant un rebord comme les plaques à jujube, on y coule la gomme et on fait sécher à l'étuve.

La fécule a l'apparence de la gomme arabique, elle possède aussi de ses qualités, mais elle n'a pas autant de mucilage.

Ce travail est difficile à bien exécuter. Tantôt on fait une gomme qui, fondue et étendue dans l'eau, lui donne la teinte blanche par une certaine quantité de fécule qui n'a pas été passée à l'état gommeux.

Le contraire arrive quand on a outre-passé la chaleur, quand on a laissé longtemps sur le feu, une certaine quantité tourne en principe sucré et, en faisant sécher cette gomme à l'air, elle est hygrométrique.

On a essayé de précipiter la gomme par l'alcool qui s'unit avec le principe sucré et laisse la gomme seule, mais alors elle est friable et s'écrase sous les doigts.

On a essayé, sitôt la décomposition de la fécule à l'état de gomme, de prolonger un peu le bouillonnement, et par conséquent d'être certain qu'il n'existait plus de fécule, et de constituer aux dépens du principe gommeux une faible partie de sucre, puis laisser arriver ce liquide à l'état tiède; 20 degrés de chaleur et d'y introduire en bouillie par 100 litres de liquide 1 livre de levure des brasseurs, une fermentation arrive, le principe sucré se transforme en alcool, au bout de 5 à 6 heures il n'existe plus de sucre.

Alors on réduit le principe gommeux qui donne une vraie gomme, ayant tous les caractères de la gomme du Sénégal.

Si l'on trouve un avantage à ne pas perdre l'alcool formé, on fait réduire dans un vase clos, formant alambic et on récolte l'esprit qui passe à la distillation.

Le fisc empêcherait de faire ce travail dans Paris.

—

Dextrine par torréfaction.

On a une chaudière à double fond : dans le premier, posé sur le feu, existe de l'huile de lin; dans le second au bain-marie est la fécule de pomme de terre. On fait bouillir l'huile de lin ou de l'eau contenant un alcali; quand cette huile est à l'ébullition, on a 140 degrés. Alors la fécule se torréfie et passe de blanche à la couleur jaune brune.

Dans cet état, la fécule se dissout dans l'eau et forme un empois gommeux jaune, c'est à peu près le même que la gomme torréfiée dans un bruloir.

En sus de ces différentes compositions mucilagineuses ou

gommeuses, il s'en fait encore d'autres qui sont vendues sous le nom de gomme de fécule, de gomeline, etc. C'est un travail plus ou moins parfait et séché à l'étuve, ces gommes présentent les apparences de gommes jaunes ou blanches, ou du *tapioka.*

D'autres moyens sont encore mis en usage, l'acide oxalique aussi est employé, etc.

Mais enfin la fécule joue un fort beau rôle puisqu'elle remplace entièrement une matière exotique qui faisait sortir de France 60,000,000 de francs par année.

Ce n'est que depuis quelques années qu'on l'emploie.

Je suis le premier qui ai monté, à Paris, une fabrique de ce produit en fécule, passé à l'état de gomme par l'orge germé; depuis, beaucoup d'individus ont essayé et ils ont plus ou moins bien réussi.

—

Gomme ou Fécule grillée.

On forme de la gomme en torréfiant de la fécule dans un bruloir comme le café, mais cette gomme est rouge foncé. Veut-on s'en servir, on prend une cuillerée de cette fécule et on la mélange avec 4 cuillerées d'eau, cela forme une gomme que l'on peut employer à l'instant.

Les cartonniers préfèrent cette colle à toute autre, mais elle est encore peu connue.

Sirop de Fécule.

Fabrication du Sirop de Fécule de Pommes de terre.

Nous allons donner, le plus brièvement possible, le travail de la transformation de la fécule en sirop, en cassonnade et en sucre massé.

25 kilos de fécule;
225 litres d'eau;
1 litre acide sulfurique.

On commence à mettre dans un chaudron en cuivre, non étamé, 150 litres d'eau, quand elle est tiède on y verse l'acide; puis on pousse le feu. On a dans un vase, ou baquet de bois, sa fécule; on verse petit à petit ses 75 kilos (1) restant d'eau à employer, on remue au fur et à mesure afin d'avoir une bouillie sans grumeleaux; quand les deux matières sont bien mélangées, on verse cette bouillie dans la chaudière qui contient les 150 kilos d'eau et d'acide, puis on pousse le feu et on remue continuellement avec une spatule ou un rateau en bois. On est obligé d'avoir ce soin et de ne pas y manquer, car sans cela la fécule par son poids se précipiterait au fond du vase et formerait empois. Bientôt, quand l'eau arrive à 70 degrés, la fécule passe à l'état d'empois; c'est à ce moment surtout qu'il faut agiter continuellement. Bientôt elle passe à l'état gommeux et devient fluide, arrivé à cet état il n'est plus nécessaire d'agiter; on pousse le feu et l'on fait bouillir pen-

(1) Un litre d'eau pèse 1 kil.

dant 3, 4 à 5 heures. Il faut avoir soin d'ajouter de temps en temps de l'eau pour remplacer celle qui s'évapore et que le liquide soit toujours au même niveau. On s'assure que la fécule est entièrement passée à l'état de sirop et qu'elle ne contient plus de gomme, en prenant un peu de ce liquide et en le versant dans un verre à champagne et le mélangeant avec 3 parties d'alcool.

Si le liquide contient encore de la gomme, il se précipite des flocons blancs; si le mélange n'en contient pas c'est un signe que la saccharification est complète.

Il faut alors séparer l'acide sulfurique du principe sucré, on s'en empare en le saturant avec du carbonate de chaux que l'on désigne vulgairement sous les noms de blanc de Meudon ou blanc d'Espagne.

Pour 1 litre d'acide sulfurique, il faut avoir en poids 1 livre 1/4 de carbonate de chaux que l'on met en bouillie dans un peu d'eau et qu'on jette par petite partie dans le liquide; chaque fois que l'on en jette, une forte efferves- cence se fait et on en met jusqu'à ce que le liquide n'en fasse plus. Alors on met ces matières dans un tonneau ayant une canelle au bas, on laisse reposer et puis on soutire le liquide de dessus son marc.

Le dépôt est l'acide et le carbonate de chaux, ce dernier a laissé échapper son acide carbonique et a formé avec l'a- cide un sulfate de chaux.

On reprend ce liquide et on le fait bouillir avec 4 livres de noir animal, jusqu'à ce qu'il ait 25 degrés bouillant au pèse-sirop.

Puis on le jette sur un filtre en laine, les premières passes ne sont pas claires, on les reverse dans le filtre, puis quand il sort clair, on laisse le filtrage se faire.

Quand ce sirop est filtré on le remet dans la chaudière, et on ajoute, pour 25 kilos de fécule, le blanc de deux œufs délayé dans un peu d'eau, on les bat, on les verse dans le sirop froid que l'on mélange bien, puis on pousse le feu jusqu'à l'ébullition.

Puis on arrête le feu, on laisse reposer le sirop, il se forme à sa surface une peau qu'on laisse bien se former; on l'enlève et on a un sirop clair et légèrement ambré, quelques bouillons l'amènent à 33 degrés bouillant, puis on peut arrêter, à froid ce sirop aura 38 degrés.

Veut-on en faire du sucre massé, on le réduit sur le feu jusqu'à 38 degrés bouillant, on le verse dans une pièce, puis on le remue 2 ou 3 fois par jour, au bout de 2 ou 3 jours il prend en masse.

C'est à peu près la même manipulation pour faire la cassonnade, seulement on laisse ce sirop dans un endroit frais. Au bout de quelque temps une partie prend en grain, la pièce a des petits trous fermés avec des fossets, et quand la matière est grainée, on retire ces fossets, la mélasse s'écoule et le sucre restant dans le tonneau est mis sur des plaques de bois ou de plâtre, et mis à sécher à l'étuve, on a une cassonnade blanche ressemblant à la cassonnade du Brésil, mais qui ne fond pas aisément dans l'eau et qui sucre deux tiers de moins que le sucre cristallisé de cannes ou de betterave.

Ces travaux sont pratiqués, à présent, en grand et au moyen de la vapeur, les produits sont beaucoup plus beaux; on fait des sirops aussi blancs que les sirops de sucre.

Voici en gros le travail en opérant par la vapeur.

Fabrication du Sirop de Fécule, Sucre Massé et Cassonnade.

Ordinairement on emploie la vapeur de 2 à 3 atmosphères; plus l'ébullition est soutenue, plus vîte la fécule se transforme en principe sucré.

Plus on acidule son liquide et moins longtemps on arrivera à la saccharification. Pourtant on a reconnu que 2 livres d'acide sulfurique pour 100 livres de fécule, est le terme moyen; certains praticiens vont à 1 livre, d'autres à 3 livres; mais avec 2 livres p. 0/0, marchant à 2, à 2 1/2, la décomposition doit être parfaite en 5 heures.

Voici comme on procède : on a une cuve en bois fortement cerclée et garnie de plomb à l'intérieur (1). Cette cuve doit avoir les douves assez fortes pour soutenir ce travail.

On lui donne un couvercle dont les 2/3 se retirent, et

(1) On peut éviter cette dépense de plomb; une cuve en bois simple constitue d'aussi belles marchandises, seulement la première et la seconde décomposition peuvent avoir un peu plus de couleur; on peut éviter ce désagrément en couchant avec un balai, sur toute la surface du bois, de l'acide sulfurique. Cet acide carbonise la surface du bois; on lave la cuve et elle est disposée à être employée.

l'autre reste à demeure. Dans cette dernière partie existe un trou pour laisser passer le tuyau qui communique avec le bouilleur qui donne la vapeur ; ce tuyau est garni d'une clef qui permet de le fermer si cela convient, et il plonge à 4 ou 6 pouces dans le fond de la cuve.

Puis on met dans la cuve.

Prenons les proportions suivantes pour servir d'exemple :

200 kilos d'eau ;

4 litres d'acide anhydre.

Puis, d'autre part dans un tonneau, on mélange 200 autres kilos d'eau avec 200 kilos de fécule, on mélange pour former une bouillie, on ouvre le robinet d'entrée de vapeur, elle entre dans l'eau acidulée et l'échauffe de suite. Quand cette eau a 70°, on verse par filet sa bouillie petit à petit, en procédant comme cela. Il est inutile de remuer comme il est dit à feu nu, la vapeur, en entrant dans l'eau, agite assez le liquide pour que la fécule se décomposant en peu de temps, au contact de l'acide, la matière passe à l'état gommeux et redevient liquide. Vous fermez votre cuve en laissant toutefois une ouverture qui permette à l'eau en ébullition de laisser échapper la vapeur.

Ordinairement les fabricants de sirops de fécule ont sur le couvercle du 1/3 de la cuve à demeure, un trou carré ou rond, ayant un conduit qui monte la vapeur dans une cheminée (1), on la laisse échapper par une ouverture faite au mur afin que dans le laboratoire on n'ait pas de

(1) Souvent on utilise cette vapeur à réduire d'autres sirops déjà décomposés.

vapeur qui se condense aux murs et aux planchers et retombe en eau sale, etc.

On continue de faire arriver la vapeur et l'on a soin de fermer la cuve, pour qu'il n'y ait que le trou qui la laisse évaporer.

Comme il ne s'échappe que la même quantité de vapeur que celle qui entre, l'opération marche toute seule.

Il est de toute nécessité de laisser un espace dans la cuve pour donner de la place à la matière, qui en bouillant pourrait passer par-dessus.

L'habitude y est pour beaucoup; si la fécule n'est pas entièrement saccharifiée on a un sirop, mais qui contient beaucoup de principe gommeux, suivant la disposition de la cuve, selon la force de la vapeur, suivant sa quantité (1), ce sont autant d'inconvénients auxquels on remédie en travaillant.

On peut s'assurer si la composition est parfaitement passée à l'état de sucre. La même expérience que pour le sirop fait à feu nu décrit plus haut.

Pour désacidifier, même travail que ce que j'ai déjà expliqué.

Beaucoup de manipulateurs mettent plus d'eau qu'il n'est nécessaire d'en mettre; mais en décomposant comme je l'ai indiqué, l'on arrive à obtenir des sirops pesant, après

(1) Il est facile à comprendre que si la vapeur entre par un tuyau de 2 pouces, elle fonctionne deux fois plus fortement qu'avec un tuyau de 1 pouce, si toutefois la chaudière correspond en grandeur à la différence des deux tuyaux.

désacidification, 18 degrés, avantage d'avoir moins de réduction pour les amener à 28 ou 33 chauds.

Le sirop liquide étant excessivement difficile à expédier au loin, le coulage qui arrive à une pièce, telle bien cerclée soit-elle, fait que les brasseurs à l'exception d'un très petit nombre prennent de préférence le sirop massé.

Il est employé aussi par les fabricants de pains d'épices, et la consommation pour cet article ne dépasse pas 250 à 300,000 kilos par an. Il remplace entièrement le miel de Bretagne et la pâte en est beaucoup plus blanche, ce qui fait croire que le pain d'épice est fabriqué avec des miels fins.

Il n'existe pas dans le sucre massé, de fécule de pommes de terre, un ferment susceptible de faire lever la pâte aussi bien que le miel, mais les fabricants ont le moyen d'en ajouter un factice qui du reste est fort innocent.

Les confiseurs l'emploient avec avantage pour faire le sucre d'orge, au lieu de graisser leur sucre ils en ajoutent un tiers.

Les chocolatiers l'emploient aussi, mais ils font une pâte graisseuse, etc.

Le détail serait trop long si l'on voulait décrire tous les états qui s'en servent en petites quantités.

Les parfumeurs l'emploient aussi dans la bandoline afin qu'elle ne sèche pas, etc., etc.

—

Vernis

Pouvant être employé pour tableaux et papiers de tenture, etc.

Ce vernis est excessivement beau, celui connu, à l'esprit de vin, n'est ni plus brillant ni plus blanc, mais il est excessivement difficile à faire ; l'habitude de manipuler y est pour beaucoup.

Prenez 1 kilo d'orge germé, le plus légèrement torréfié possible pourtant bien séché. Le Malt séché à l'air chaud vaudrait beaucoup mieux que celui qui est torréfié par le brasseur au moyen du charbon de terre.

Mettez-le digérer 2 heures avec 10 litres d'eau à 60 ou 70 degrés, puis après, passez votre eau dans un filtre de laine, afin d'avoir votre liquide clair.

Mélangez 18 livres de fécule de pommes de terre avec 80 litres d'eau ; faites-en une bouillie, puis réunissez-la avec le liquide filtré. Mettez sur le feu, poussez-le graduellement, soutenez-le une 1/2 heure à 60 degrés, en remuant continuellement, puis poussez-le à 70. Le liquide passera, comme nous l'avons déjà dit, à l'état d'empois, puis à l'état de gomme.

Quand il sera en ce dernier état, clarifiez-le au blanc d'œuf, puis réduisez-le aux deux tiers, ensuite ajoutez-y 6 onces de sulfate d'alumine (alun du commerce), et réduisez à 28 degrés chaud. Vous aurez un vernis qui, étant mélangé avec 1/3 esprit de vin et couché au pinceau, pourra être appliqué sur le papier collé dans les appartements et qui n'aura pas d'odeur et séchera en un quart d'heure.

Ce vernis ne peut se mettre sur le papier roulé. Le fabricant de papier roulé fortement serré et il arrive quelque temps après que le vernis s'attache par petites parties au-dessous de la feuille.

Quant à la dose de l'alun, plus il y en aura plus le vernis sera siccatif.

Ce vernis, dix fois meilleur marché que le vernis blanc, est plus agréable pour les tableaux à l'huile. Il ne jaunit pas le blanc, etc.

On peut l'employer sans y mettre de l'alcool.

Puis avec une éponge on peut le retirer facilement, avantage sur l'autre qui demande de l'essence de térébenthine, et qui contenant une huile essentielle concrète, forme pâte sur la peinture et la tache.

—

Vin de sirop de fécule franc de goût

Que l'on ne prenne pas les recettes sur ces vins pour des recettes comme il en existe tant dans beaucoup d'ouvrages, ce que j'annonce est de la plus grande exactitude (1).

(1) Les recettes signées par l'auteur ont été pratiquées par lui, et il peut garantir l'exacte certitude dans le travail.

1° Le vin de grappe ou vin de raisin est composé comme suit :

Eau,
Sucre,
Tartre,
Et un principe colorant (1) raisin dans le vin rouge.

Il est reconnu que le sirop de raisin et le sirop de pommes de terre, sont identiques, et fort longtemps on a même donné à ce dernier le nom du premier.

Vin de Fécule, blanc, ressemblant à s'y méprendre aux vins blancs de Graves.

125 litres de sirop blanc de fécule (pas de sirop massé) de 36 degrés à 38.
3 livres de tartre cru, bonne gravelle.
3 onces de tannin.

Vous faites fondre votre sirop, votre tartre et votre tannin dans 100 litres d'eau que vous faites bouillir. Vos matières fondues, vous jetez le tout dans votre pièce, vous finissez de la remplir avec de l'eau de rivière, froide (pas d'eau de puits). Vous examinez ensuite si cette eau a 25 degrés au thermomètre, alors vous en prenez 2 ou 3 litres et vous y incorporez 2 livres de levure de bière bien fraîche, et vous en faites une bouillie, vous la jetez dans votre

(1) On fait avec des raisins rouges, en Bourgogne, des vins blancs ; à cet effet, on presse le raisin et on ne fait pas fermenter l'enveloppe, où réside la couleur.

liquide; vous avez eu le soin de mettre votre pièce sur chantier, la bonde de votre tonneau un peu plus penchée d'un côté que de l'autre. Vous disposez ce tonneau dans un cellier où la température doit être constante de 20 à 25 degrés pour une pièce de 30 veltes; si l'on n'en fabriquait qu'un hectolitre il faudrait, de toute nécessité, une température de 25 à 30 degrés.

Puis avec un bâton, que vous faites entrer par la bonde, mélangez bien le liquide.

Au bout de 2, 3 ou 4 heures, la fermentation s'établit; une écume, qui est la levure, vient à la bonde, et par la position que vous avez donnée à votre pièce, elle coule dans un petit baquet que vous mettez dessous. Vous avez eu le soin de faire 6 à 7 litres de liquide de plus que la contenance de votre pièce, et pour la tenir constamment pleine afin que la levure qui s'écoule et qui entraîne avec elle du liquide (1) ne lui laisse pas d'espace, car si cela avait lieu, la levure irait s'attacher en dedans aux parois de la pièce, vous la remplissez toutes les 4 heures.

Au bout de 4 à 6 jours, la levure s'épaissit, c'est un signe que l'acte de la fermentation s'affaiblit. Quand elle est terminée, vous bondonnez votre pièce; elle est dans la position du vin nouveau, et a le même goût.

Au bout de 2 mois elle a la vinosité et l'apparence d'un vin de 4 mois, aussi excellent et aussi sain.

(1) Il est entendu que le liquide qui coule avec la levure est passé sur un tamis en crin assez serré, qui laisse échapper le liquide et qui garde la levure, et ce liquide est à remettre dans le tonneau.

Seulement ce vin a toutes les propriétés du vin de grappes à l'exception du bouquet et de la couleur.

On peut lui donner un bouquet fort agréable et pour cela on emploie ce qu'on a l'habitude de faire dans certains pays vignobles, où le vin n'en a presque pas.

Quand le vin est fini, on introduit par la bonde un litre de jus de framboise, ou un litre d'esprit de framboise.

Quelques vignerons de Bordeaux mettent de l'iris en poudre, 2 onces dans 1 litre d'esprit infusé, et au lieu de framboise mettent ce parfum qui donne au vin une odeur de violette, pourtant la framboise est préférable.

Quant à la couleur, les infusions de bois ne valent rien, le mieux est d'y jeter 2 ou 3 veltes de vin nommé vulgairement de Blois; c'est un vin fortement coloré, peu fort en alcool, mais qui donne 5 teintes.

Observation. — Une fermentation mal soutenue, en laissant entrer dans l'endroit un courant d'air froid, donnerait un vin qui s'éclaircirait difficilement et qui pourrait attraper la maladie nommé *graissage*. Il y a des palliatifs mais qui sont employés aux dépens de la qualité.

Aujourd'hui que la fécule de pommes de terre est fort cher en comparaison des autres années, voici le prix de revient :

125 livres sirop blanc de 36 à 38 degrés au pèse-sirop à froid, à 50 fr. le 100 kilos. 31 25 (1)

(1) Les années ordinaires, ce sirop coûte de 40 à 44 fr. les 100 kil., ce qui fait une différence énorme dans le prix de revient.

3 livres de tartre, le tartre le plus gros est le meilleur. Il sort des foudres du midi. Le tartre raclé au tonneau est moins bon en qualité. 3 livres de 25 c. à 60 c. la livre.	1 80
2 livres de levure de bière bien fraîche à 50 c. la livre.	1 »
2 onces tannin.	» 45
Total.	34 50

les 30 veltes contenant 228 litres, ce qui fait au plus le vin à 3 sols le litre.

Il ne faut pas regarder ce vin comme ceux des environs de Paris. Il a la force du vin de Graves et il en a la bonté(1).

GODARD.

Vin de Madère.

135 litres de sirop de fécule blanc, sans tartre, fermenté et conservé 7 à 8 mois à beaucoup de ressemblance au vin de Madère.

Vins Factices.

Façon des vins fabriqués à Cette près Montpellier.

(MÊME TRAVAIL QU'A CETTE.)

Tout le monde sait que les vins factices, fabriqués pour

(1) Je le répète, il faut nécessairement le sirop blanc de fécule, car, si vous employez du sirop massé (sirop pris en masse)

la France et même pour l'Étranger, rivalisent avec les véritables; seulement la différence est, que les vins fabriqués à Cette le sont avec le sirop de raisin, que ce sirop contient son tartre, au lieu que le sirop de fécule n'en a pas et qu'on est obligé de lui en constituer. Quant aux principes sucrés, ils sont les mêmes, comme je l'ai déjà annoncé.

—

Malvoisie.

160 livres sirop de fécule blanc, 36 à 38 degrés.
3 livres de tartre brut en gros morceaux.
3 onces tannin.
3 livres de levure bien fraîche.

Même travail que pour le vin de Grave.

Ensuite :

Avoir fait infuser dans 3 litres d'esprit de vin Montpellier bon goût.

2 gros de racine de Galenga.
» » Gingembre.
» » Cloux de Girofle.

Au bout de 15 jours, passez à travers un linge et jetez cela dans votre vin après fermentation faite, commencez à ne mettre que la moitié de cette infusion. Si vous ne trouvez pas le goût et le bouquet assez fort, mettez le reste, puis bondonnez votre pièce qu'elle soit pleine.

ou du sirop liquide brun, autant ce dernier est bon pour la bière, autant il est mauvais pour le vin, auquel il communique un goût d'amertume en vieillissant.

Ce vin demande 4 mois pour être fondu; plus il vieillit, meilleur il est.

GODARD.

—

Muscat Frontignan.

125 livres sirop de fécule.
3 livres tartre brut en gros morceaux.
2 onces de tannin.
8 onces de levure de bière.

Le même travail que pour le vin de Grave.

Puis ajoutez, une fois la fermentation finie :

3 litres d'esprit de vin dans lequel vous aurez fait infuser pendant 15 jours.

2 onces de fleurs de sureau.

2 onces reine des prés.

On passe ces trois dernières substances à travers un linge et on réunit au liquide.

—

Malaga.

125 livres de sirop blanc de fécule, de 36 à 38 degrés.
3 livres tartre brut.
2 onces tannin.
25 livres raisin de Malaga en caisse.
2 onces costus arabicus.

On fait fondre les 125 livres, le tartre, le tannin, et on fait bouillir dans un peu d'eau le costus arabicus.

Puis après on écrase grossièrement le raisin de Malaga. Il le faut nécessairement ; puis on le met dans un panier fermé, qu'on plonge dans le liquide, avec une pierre pour le forcer à ne pas monter à la surface.

Puis quand la pièce est pleine on met la levure.

Au bout de 15 à 20 jours, la fermentation est entièrement terminée, si on suit exactement le même travail que pour le vin de Grave. Alors on retire son panier, on soutire le liquide dans une autre pièce, qu'elle soit pleine, puis on la bouche. Au bout de 4 mois ce vin est délicieux et supérieur au vin de Malaga qui coûte 3 et 4 francs la bouteille.

GODARD.

Xérès.

On ajoute au vin de Malaga, 6 litres d'esprit de vin, dans lequel on a fait infuser 12 oranges, bigarades (1). Ce vin est excessivement fort et porte à la tête.

GODARD.

(1) L'orange Bigarade ne se trouvant pas facilement, n'étant pas un fruit mangeable, à son défaut on prend deux onces écorces Bigarades vertes ; on trouve cela chez les droguistes ; c'est avec cette écorce que l'on fabrique la liqueur nommée Curaçao de Hollande. On en met infuser 3 ou même 4 onces, puis on ajoute 12 oranges douces, coupées par tranches minces, avec son écorce dans l'esprit.

Alicante.

125 livres sirop blanc de fécule.
3 livres tartre brut.
2 onces tannin.
3 livres levure de bière.

Même travail.

Ajouter 2 veltes, infusion de jus de cassis, une fois la fermentation finie.

Ou 40 livres de cassis écrasé et mis dans un panier au fond de la cuve et fermenté avec le liquide.

GODARD.

—

Tokai.

Ce vin ne peut soutenir le nom que je lui donne si on le met en comparaison avec le véritable ; j'en ai goûté, et la différence était assez grande.

Comme du reste il est agréable j'en donne la formule,

125 livres sirop blanc de fécule.
4 livres tartre brut.
4 onces racine d'angélique, faire bouillir dans 1 litre d'eau et jeter dans la pièce.
6 litres esprit.

La même quantité de levure comme plus haut.

L'Alicante et le Malaga surpassent en bonté les véritables.

Les gourmets qui désireront communiquer à ces vins un

petit goût de goudron, 2 gros seront une quantité suffisante pour chaque pièce.

Ainsi, le prolétaire pourra avoir des vins fins que l'on paye excessivement cher de 4 a 6 sous le litre.

—

Collage de ces Vins.

Le même travail que pour les véritables vins fins.

Si on le laisse 4 mois après l'avoir soutiré, le vin est déjà clair, une légère colle de poisson.

3 gros de colle de poisson suffisent pour une pièce ; on humecte la colle : quand elle est gonflée vous y versez de l'eau petit à petit, et vous arrivez enfin à avoir une gelée que vous étendez d'eau, et que vous jetez dans votre pièce, vous remuez cela fortement avec un bâton, puis vous bouchez la bonde; 2, 3, 4 et même 6 jours après, vous soutirez dans une autre pièce ou vous mettez en bouteilles.

—

Conversion de la Pomme de terre en eaux-de-vie et en alcool.

Cette fabrication commence à être d'une grande importance, mais elle deviendra immense quand des distilleries s'établiront dans les fermes. Ces distilleries agricoles offriront aux agriculteurs l'avantage de trouver un débouché à la pomme de terre, qui par son poids augmente le prix et permettra, avec les résidus, de nourrir les bestiaux à peu de frais. De là, l'abondance du lait, du fromage et une quantité plus considérable d'engrais.

On commence à faire le lavage des pommes de terre, puis après on les cuit à la vapeur, puis on les réduit en pulpes. (Il existe différentes manières d'opérer). Puis après on les passe à travers une toile métallique pour en retirer la pellicule, et on y ajoute, de l'eau chaude et 1/1000 de potasse à la chaux, afin de dissoudre la matière albumineuse coagulée par la chaleur, et rendre la masse homogène. On y ajoute de l'orge malté nommé *Malt* en brasserie, dans la proportion de 1/20 du poids de la pomme de terre et de l'eau. On amène le mélange à 70 degrés; on brasse le tout jusqu'à parfaite décomposition, c'est-à-dire, que cette espèce de pâte soit devenue liquide. Puis alors on y mêle de l'eau froide pour faire tomber la température de 20 à 25. On met en levure dans une cuve à fermenter et on y ajoute 4 p. 0/0 de levure bien fraîche. La pièce mise dans un endroit où la températnre ait au moins 20 degrés, la fermentation marche fort bien et une quantité considérable de levure se forme (1). On charge l'appareil

(1) On a en France la mauvaise habitude de ne pas laisser de larges ouvertures aux liquides que l'on met à fermenter Laissez au contraire de larges surfaces.

et l'on distille ; on obtient par de certains appareils à continu des esprits de 36 degrés.

On trouve dans l'alambic une grande quantité d'huile fixe qui sert à l'éclairage et que l'on peut purifier.

On se sert du marc pour nourrir les bestiaux.

L'esprit de pommes de terre contient une huile volatile qui donne un goût à cet esprit.

Il y a des moyens de le purifier. Avec le sirop fabriqué. cet esprit n'a pas d'huile volatile, si le sirop a été filtré sur le noir, et cet esprit peut remplacer celui de Montpellier.

—

Vinaigre de Pommes de terre.

Le même travail que pour faire l'esprit, à l'exception qu'une fois la fermentation faite, au lieu de distiller on met ce liquide dans une étuve et par de certaines dispositions, soit en faisant passer cette vinasse en contact avec une grande quantité d'oxigène, soit en suivant le travail ancien des vinaigriers.

—

Bière.

On peut faire avec tous les principes sucrés, exempts d'arrière-goût, d'aussi bonne bière qu'avec l'orge et même de plus de garde. Par la raison fort simple que l'orge contient beaucoup de mucillage, et que ce dernier donne facilité à la bière de passer à l'aigre.

Un traité que l'on peut consulter et qui donne le moyen de faire cette boisson, est le sujet d'un ouvrage à part. L'auteur a fait fabriquer lui-même un appareil pesant 15 à 16 livres, avec cet appareil en 2 heures on peut faire un mout de bière, 110 bouteilles. Voici le dessin du petit appareil. Le sirop de fécule ou le sirop de dextrine est ce qui revient le meilleur marché et forme des bières excellentes (1).

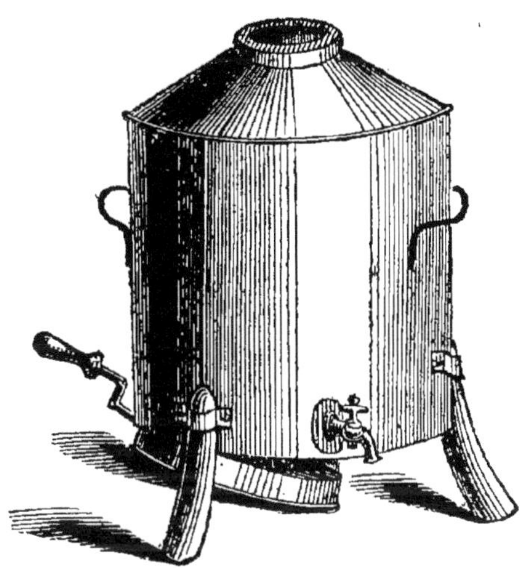

(1) L'*Art de Brasser* ou *Manuel* donnant les moyens, dans toutes les localités, en France et à l'Étranger, en mer et aux Colonies, de faire partout de la bière, sans autre ustensile qu'un simple Chaudron, par GODARD, et donnant pour résultat:

1° Economie de 100 à 200 p. cent sur le prix de cette boisson vendue par les brasseurs;

2° Bonté, salubrité et certitude dans le produit;

3° Avantage immense de faire des Bières ne tournant pas à l'aigre, et de les faire, suivant son goût, amères ou douces;

4° Travail fort simple permettant de faire sa Bière, de une

Racahout des Arabes.

Le public, qui aime qu'on l'amuse mais qui ne tient pas à s'instruire, n'aime pas non plus à être trompé. Cependant il fait souvent la fortune des marchands, qui n'ont d'autres mérites que d'avoir l'audace d'inventer une soi-disant panacée universelle, telle que le *palamoud,* vendu 6 fr. le flacon, le *Racahout des Arabes,* etc., etc.

Ces dites compositions sont tout simplement de la farine de glands doux (gland chêne liége). Ce gland contient une quantité notable d'huile et de fécule à laquelle on joint de la vanille et du sucre.

Et encore les marchands fabriquent-ils sans gland. Voici leur composition :

Fécule de pommes de terre 4 livres à 20 c.		80
Chocolat 2 livres	3	»
Sucre 1 livre		80
Vanille 1/2 gousse		40
	5	»

à deux heures, avec un chaudron de 30 à 35 litres pour 80 litres de Bière.

Le Limonadier en retirera un bénéfice immense.

Dans une ferme, cette boisson coûtera très peu.

Le travail est moins difficile que de faire un pot-au-feu.

Le prix du Manuel est de 5 francs pour Paris, et de 6 francs *franco,* pour la Province.

On peut souscrire en envoyant un mandat de 6 francs, pris à la poste, et en l'adressant à M. Godard, chimiste, rue Saint-Antoine, 62. — Aussitôt réception, l'ouvrage sera envoyé franc de port.

7 livres de Racahout des Arabes à 63 centimes la livre, le flacon se vend de 6 à 7 fr. Il contient au plus une 1/2 livre, 31 c. 1|2. Vendu 20 fois sa valeur.

On pile le chocolat, le sucre et la vanille, puis on ajoute à la fécule et on passe le tout au tamis de soie.

On peut augmenter ou diminuer la dose du sucre comme la dose de la vanille.

Autre Racahout plus économique.

Fécule pomme de terre,	4	livres.
Cacao brûlé,	1	
Sucre,	1	1/2
	6	1/2

Vanille une gousse.

Le cacao vaut 18 à 20 sols, on le fait griller comme le café, on l'écrase, après on le mêle intimement avec la fécule, on broye la vanille, on passe tout au tamis de soie, on met en flacon, pour s'en servir au besoin.

Ce racahout a l'avantage sur l'autre d'être meilleur marché et meilleur en qualité.

—

Vermichel-Vermicelle.

On en fait de fort beau, mais cette fécule n'ayant pas de gluten, elle tombe en pâte à la cuisson. Ce vermicelle ne vaut pas celui qui est fait avec la pâte de froment.

Sagou.

Le véritable sagou est une fécule extraite de la moëlle du *Sagur-Farinaria,* espèce de palmier croissant aux Philippines et aux Molucques.

Quand on veut avoir sa fécule, on abat l'arbre et on le fend dans le sens de sa longueur ; on en enlève la moëlle, on la lave comme la fécule de pommes de terre sur un tamis, la fécule passe à travers ; puis on la fait sécher jusqu'à une certaine consistance, on la presse et on la force à passer à travers une filière de petits trous. En passant elle se granule, et on la fait dessécher entièrement à l'étuve.

On imite parfaitement ce sagou avec la fécule de pommes de terre, et à présent, commercialement parlant, il n'existe plus que de celui-là.

—

Tapioka.

Le véritable tapioka s'extrait de la racine du manioc (*Jatropha-manchot*).

Cette plante croît en Afrique et en Amérique, elle est de la famille des Euphorbiacés.

On lave les racines, on les réduit en pulpe à l'aide d'une rape, et en cet état on le met dans des sacs et sous une presse. On sépare de cette manière la plus grande partie de son suc vénéneux. Les Indiens s'en servent pour empoisonner leurs flèches; ce principe a été reconnu être de l'acide prussique, il est volatil. La pulpe, en séchant, s'agglomère et forme des pains qui deviennent durs et friables. Ces pains sont nommés *Cassaves.*

Au Brésil, on prend les pains on les lave à l'eau chaude et l'on passe cette fécule, qui contient un peu de ligneux, au travers d'un tamis. Puis on met cela sur le feu en ayant soin de remuer continuellement. La fécule dissoute par la chaleur s'épaissit et se granulle, puis quand elle est en cet état on la porte à l'étuve où elle finit de se sécher.

De même que le Sagou, le *Tapioka* de fécule est plus blanc, aussi nourrissant, meilleur en goût que le véritable et ne contient aucunement de ligneux.

Nous ne sommes plus tributaires du Brésil pour cet article.

—

L'Igname.

L'Igname (dioscorea) dixeu hexandrie.

Genre de plante à un seul cotylédon de la famille des sonilacés ou dioscoridés, dans lequel les fleurs sont unisexuelles; les mâles et les femelles naissent sur différents pieds, ont un calice et manquent de corolle.

Les *Ignames* sont des herbes exotiques, la plupart à racines tubéreuses, les tiges grimpent et s'entortillent autour des plantes voisines.

Ce genre comprend 18 espèces, l'espèce utile est l'*I-*

gname diosorette linn, qui croît aux Indes entre les tropiques et qui doit être seul regardé comme végétal alimentaire, elle a une racine grosse comme la jambe et qui pèse quelquefois 30 livres; elle est d un brun sale, mais blanche en dedans et très farineuse, elle n'a pas de saveur et sa fécule nourrit moins que la fécule de pommes de terre.

On imite fort bien cette fécule et même on vend sous son nom, l'Igname d'Afrique, chez tous les épiciers de Paris, la fécule de pommes de terre, ce que les autres maisons vendent sous le nom de riz de pommes de terre.

Ce qui est le plus curieux c'est que l'épicier a chez lui, à 25 p. 0/0 meilleur marché, la soi-disant Igname sous le nom de riz et qu'il n'aurait que l'étiquette à changer.

Ainsi la différence est simplement le titre trop modeste de riz pomme de terre qui l'avait relégué avec le tapioka, le petit sagou, etc. Le nom de semoule d'Igname la fait sortir de son obscurité.

L'industriel trompe-t-il le public en ayant donné à cette fécule le baptême du tropique? Non, il sait que le public est un peu badaud, aimant que l'on flatte sa vanité; eh bien, il la contente.

Le potage viendra d'Afrique, soi-disant.

Le bœuf d'Europe.

Le café de l'Asie.

Le sucre de l'Amérique.

Son amour propre est satisfait; avant, le plus simple particulier n'avait que trois parties du monde tributaire de sa table, avec l'Igname il a l'univers entier.

Grâce donc à l'industriel assez adroit pour le flatter, il fera fortune, et cette légère supercherie, est du reste fort innocente, puisque son produit est meilleur que le véritable.

Qu'il ait donc la conscience tranquille, que surtout il ne fasse pas de rêves lui représentant l'épicier la pancarte de l'Igname en main, le chargeant de malédictions pour lui avoir fait vendre l'Igname et garder le riz enfoui dans ses magasins et s'être fait moquer de lui par ceux qui liront cette brochure.

—

Colle pour remplacer la colle de pâte.

On nettoie les pommes de terre en les lavant dans de l'eau et en les brossant avec soin, puis on les réduit en pulpe à l'aide d'une rape, et l'on délaye 1 liv. de cette pulpe avec 2 litres 1/2 d'eau, puis on porte à l'ébullition en continuant d'agiter.

Bientôt il se forme empois, la colle est faite.

1 boisseau de pommes de terre doit constituer 150 liv. de colle ; si on y ajoutait par 100 liv. de pommes de terre, 4 onces alun, la colle se conserverait mieux. Il faut fondre l'alun et ne le mettre que quand la pomme de terre est bien liquéfiée.

Voici la recette d'une autre colle bien préférable à la précédente.

1 liv. orge germé (Malt des brasseurs).
18 liv. fécule.
160 liv. eau ou 80 litres.
4 onces alun.

On fait bouillir avec 30 ou 50 litres d'eau l'orge germé moulu grossièrement, puis on porte à l'ébullition pendant une 1/2 heure; puis on passe cette eau à travers un tamis, ayant soin qu'il ait les mailles assez serrées pour que le son ne passe pas.

Avec le restant de votre eau, vous délayez votre fécule, et vous portez à 60 ou 70 dégrés. Votre fécule se dilate, passe en empois.

Vous ajoutez alors vos 4 onces d'alun que vous avez préalablement fait fondre en les faisant bouillir avec 2 lit. d'eau, et vous remuez le tout.

Vous retirez du eu, votre colle est faite.

Cette pâte se conserve beaucoup plus longtemps que la pâte de froment; elle est beaucoup plus belle. Dans ce moment, sur la place de Paris, ce serait un travail fort avantageux à faire, pour vendre aux marchands de couleurs, de crépin, épiciers, etc., etc.

—

Empois.

Délayer une partie de fécule dans vingt parties d'eau, faire bouillir le mélange et remuer continuellement jusqu'à ce que cela s'épaississe. On obtient un empois; on le colore avec un peu de bleu en liqueur.

Il est meilleur que l'empois d'amidon; au reste, les fabriques de Tarrare ne forment plus leur empois avec l'amidon qui revient 4 fois plus cher.

—

Engrais.

Les résidus de la distillation de l'esprit de pommes de terre, ainsi que les produits de sa désacidification (sulfate de chaux) sont des engrais puissants.

—

Potasse.

En brûlant les fanes de la pomme de terre, en lessivant ces cendres, on retire une grande quantité de cet alcali.

Il en est de même des résidus de la distillation évaporée.

FULMI-POMME DE TERRE.

Je terminerai cet opuscule en disant: Parmentier a rendu un grand service à l'humanité en découvrant les qualités précieuses que la pomme de terre renfermait pour la nourriture des hommes. Il ne s'attendait pas que plus tard elle pourrait servir à les détruire; pourtant ce n'est que trop réel.

Tout le monde sait que le coton est un ligneux, le parenchyme de la pomme de terre est de même. Il est fort simple à comprendre que ce ligneux peut remplacer l'autre avec plus d'économie.

Mais ce qui est curieux, c'est que le sucre et la gomme de fécule peuvent aussi remplacer la poudre à canon.

«Voici ce que dit M. Sabrera, chimiste : Un *Isomère* du tissu végétal, l'amidon, pourrait donner non-seulement de la *xyloïdine*, mais une matière possédant la propriété éminemment explosible tendant à faire considérer comme étant identique avec la *pyroxyline*, fournie par la *cellulose*.

« Que deux autres corps ayant aussi avec cette dernière les rapports de composition les plus intimes, savoir le sucre et la gomme d'amidon (dextrine) donnent naissance à un *pyroxyline* très fulminant par leur union avec l'acide nitrique; puis comme pour confirmer les idées qu'on se formait autrefois de la nature du principe doux des huiles *(glycérine)*, saponification des corps gras et sur laquelle le célèbre Schele fixa le premier l'attention des chimistes. M. Sabrera prépare avec elle du fulmi-coton, et cependant il ne s'agit plus ici d'un *Isomère*, de sucre, de l'amidon et de la trame tissulaire des plantes, mais au contraire d'une substance qui se rapproche des corps gras par l'excès d'hydrogène qui entre dans la composition. Peut-être faudra t-il voir dans ce nouveau produit le premier terme d'une nouvelle série de corps explosifs ou base de corps gras ou résineux, et qu'on peut *à priori* regarder comme devant produire plus de gaz et partant avoir plus de puissance balistique que les composés appartenant à la série de la *celleclose*. »

FIN.

TABLE DES MATIÈRES.

BIBLIOTHEQUE ROYALE

ERRATA.

—

Page 20, ligne 4, *au lieu de:* Parmi les gens de la cour, *lisez:* Parmi les gens de cour.

Page 48, *au lieu de:* Il faut que la terre se repose, *lisez:* Il faut que la terre change de culture.

Page 82, ligne 15, *au lieu de:* Pour un litre d'acide, *lisez:* Pour une livre d'acide.

Page 89, ligne 5, *au lieu de:* Papier roulé, *lisez:* Papier roule.

Page 90, ligne 6, *lisez:* Et un principe colorant (1) dans le vin rouge.

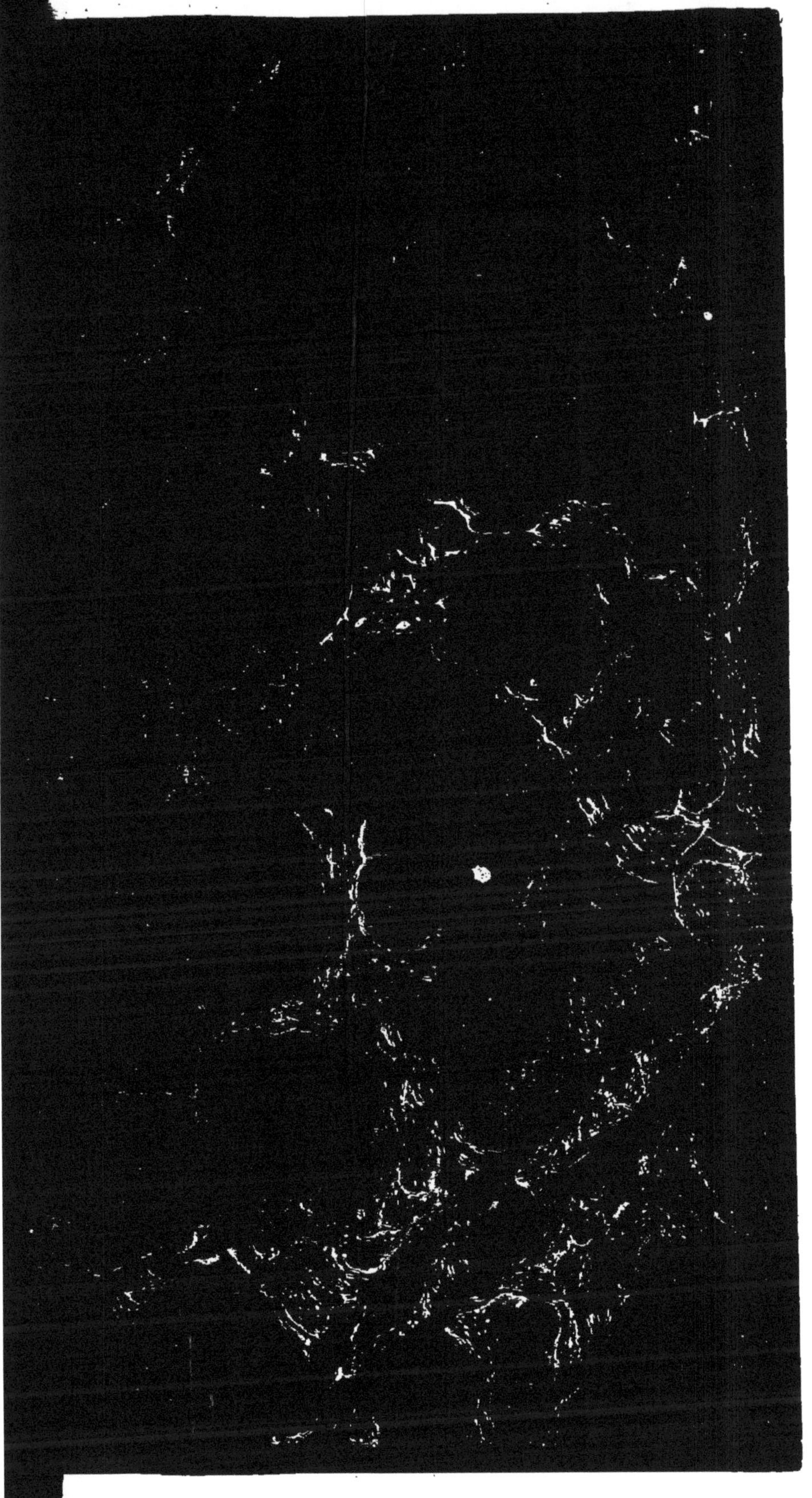

www.ingramcontent.com/pod-product-compliance
Ingram Content Group UK Ltd.
Pitfield, Milton Keynes, MK11 3LW, UK
UKHW020154200726
13856UKWH00003B/986